U0235159

（日）西口理惠子·著

Betty·译

宽裕的人生

21天完美收纳计划

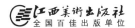

江西美术出版社

全国百佳出版单位

图书在版编目（ＣＩＰ）数据

宽裕的人生 ： 21 天完美收纳计划 ／（日）西口理惠子著；Betty 译.
-- 南昌 ：江西美术出版社，2019.1
ISBN 978-7-5480-4625-7

Ⅰ.①宽… Ⅱ.①西… ②B… Ⅲ.①家庭生活—基本知识 Ⅳ.① TS976.3

中国版本图书馆 CIP 数据核字（2018）第 271643 号

MAINICHIGAUMAKUMAWARIDASU 1NICHI1SYUUNOUNOHOUSOKU
Copyright © Rieko Nishiguchi 2010
Chinese translation rights in simplified characters arranged with WANI BOOKS CO., LTD
Chinese translation rights in simplified characters © 2018 by Beijing XINGUO Culture Media
CO.,LTD

出　版　人：周建森
责任编辑：陈　军
责任印制：谭　勋

宽裕的人生：21 天完美收纳计划
（日）西口理惠子 著
Betty 译

出　　　版：江西美术出版社
地　　　址：江西省南昌市子安路 66 号
网　　　址：www.jxfinearts.com
电子邮箱：jxms163@163.com
电　　　话：0791-86566274
邮　　　编：330025
经　　　销：全国新华书店
印　　　刷：三河市华润印刷有限公司
版　　　次：2019 年 1 月第 1 版
印　　　次：2019 年 1 月第 1 次印刷
开　　　本：787 毫米 ×1092 毫米　1/32
印　　　张：6.25
书　　　号：ISBN 978-7-5480-4625-7
定　　　价：39.80 元

序言

"为什么总是无法戒掉迟到的毛病""为什么一直无法拥有稳定的感情生活""为什么工作总是不顺利"……你知道吗？你的烦恼，都可以通过学习如何科学地收纳整理得到解决！

通过合理的整理收纳，你就可以在时间、金钱、空间以及心灵上拥有更多的宽裕，你的日常每一天就会变得更加充实自在。

不论你是对丢弃物品有抵触情绪的人，还是一个疯狂购物爱好者，抑或是在收纳方面挫折累累的人，这本书都适合你。

"给每个东西安排一个'家'""一个地方只收纳一种物品""不管三七二十一先把物品从箱子里拿出来"等简单易懂的收纳方法，都在这本书里。

打开这本书，迎接你值得拥有的更美好的生活！

目录

第 2 章　　　马上开始吧！收纳基本法

第 1 章

学会收纳，
改变你的人生

只是通过收纳整理，就可以让我们的人生得到转变吗？首先就让我们来说一说收纳整理对我们日常生活的影响，以及本书的特点吧。

掌握了整理收纳法，人生会有四个宽裕

　　一旦你开始整理收纳，好事就会接踵而至。或许你会疑惑，真的会这么神奇吗？但事实上，很多人就是由于掌握了收纳法，因而每天都过得十分充实。因为一旦你掌握了这门技巧，你的人生就会多了四个宽裕。

　　第一是空间的宽裕。给每个空间设定相应的收纳功能，死角就会消失，收纳量也会随之增加。之前由于无法收纳而散落在房间各个角落的东西也能合理归位，房间会随之变得整洁，空间变得更大。

　　第二是金钱的宽裕。一旦进行了整理收纳，就会更清楚自己已经拥有的东西。或许你早已不记得你已经拥有某样物品，或者记得却永远也不知道它在哪儿，这样的情况下你往往就会不自觉地反反复复买同样的物品。但当你掌握了整理收纳，这样的事情就不会再发生。你清楚自己拥有什么，也知道自己需要什么，自然而然也就能更好地规划支出，节省那些不必要的开支。

　　第三是时间的宽裕。整理收纳做到位，就不会再花费大量的时间寻找你要的东西。虽然你会觉得每次寻找物品的时间微不足道，但持续累积起来的庞大数字却会让你吓一跳。假设我们每天早上会花费 3 分钟寻找当天要穿的衣服，3 分 ×365 日

=1095 分，也就是 18 小时 15 分钟。就是说整整一年下来，我们花费了接近一天的时间，只是在寻找我们要穿的衣服而已。而你的每天充斥着很多个类似的 3 分钟。

第四是心理的宽裕。一旦掌握了家里所有东西的数量，出门购物时就不会因为疑惑"家里是否还有呢"而感到不安，也不会因为买过量而在回家后感到焦躁并自责。通过合理收纳，你就会购买你生活中真正需要的东西，也能学会精心挑选自己真正喜欢的东西，自然不会为买了多余的东西而感到焦虑并自责，只会享受购物的乐趣，保持每天的好心情。

有了这四个宽裕，就能把你宝贵的精力投入工作、恋爱、兴趣爱好或学习中去，变得更加容易掌控自己的财务。精神面貌也会变得更从容，整个人散发出由内而外的光彩。

通过合理收纳产生的四个宽裕

不会为找寻物品而浪费时间，生活工作更有效率，时间更充裕。

周围都是自己必需和喜爱的美好事物，心情更美丽。

时间　心理

空间　金钱

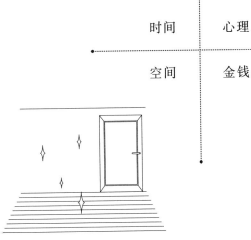

消灭了死角，空间更开阔。

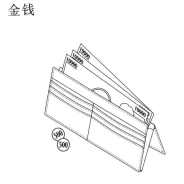

不会再买重复的物品，金钱更宽裕。

探索你的所需，设定你真正需要的物品数量

对于我来说，所谓的整理收纳是从制定自己的合理的物品数量开始的。很多人会认为尽可能使家里的物品最少化就是收纳整理，就是最好的，可我并不这么认为。**所谓的物品的合理数量是由多种因素决定的，由你的生活方式、你对物品的态度以及收纳空间的大小等决定的。**

举个例子，对于经常在家举办派对的人来说，会认为家中必须要有 10 人份的餐具；而也有人认为，只要常备家人使用的两人份餐具就足够了。也会有那种因为喜欢收集餐具，而拥有 50 套餐具，但对每套都很珍惜的人！

只要你能做到合理的收纳，那么对于你来说，这个数量就是属于你自己的合理的物品量。有了这个合理物品量，剩下的就是考虑如何合理安排收纳。例如会频繁使用的物品要放在顺手的地方，想要看到的物品放在客厅上层的架子上等。

一旦你决定了自己的合理的物品数量，物品整理收纳也会变得简单有序。例如只要你决定了适合你自己的合理的杂志和书籍数量，你就会在购买新的杂志或书籍后丢弃或放手那些旧的部分。这样就会自然而然地形成一个良性循环，只留下最新的最需要的部分。

学会打扮自己，收获更多自信

想必很多人都有这样的经历吧，衣柜里有着各式各样相似的衣服，大半的衣服一年之中只穿过一次甚至一次都没有穿过。若你掌握不了自己都有哪些衣服，自然而然就很难知道怎样的搭配最好，怎样的风格才最适合自己。不过不要担心，上述这些问题都能通过整理收纳得以解决。

在这里，整理收纳过程中最重要的一环（或最关键的一步）是分类作业。请你尝试将自己拥有的所有衣服按种类及颜色进行分类。只需这简单的一步，你就可以马上发现你自己最多的衣服是哪些，最常穿的是哪些，又有哪些是不怎么穿的。拥有最多的，想必就是自己喜欢的；穿着次数多的，那么肯定就是适合自己的，或者就是穿着感觉最舒适自在的。

弄清楚了这些，在下次购物时就能马上判断哪些衣服是该买的，哪些是即便买了也不会穿的。

当你的衣柜里渐渐只有那些该买的衣服时，那么无论你穿哪件都会是适合你的，也就能一直保持属于你自己的最佳形象了。**学会打扮自己，当你有了自信，周围的人看你的目光也会随之改变，甚至恋爱和婚姻也会无形中变得顺利起来呢！**

学会收纳，收获轻松

对于整理收纳这一问题，其实我们可以将酒店的房间作为自己的理想目标。想象一下你曾去过的精致的酒店房间，即使工作人员不做说明，我们也能大致了解房间内部的功能布局。在酒店房间内，你所需要的东西会放在该功能区域的显眼处。超市也是如此。商品按照类别区分摆放，寻找商品变得轻松自在。如果这一模式也能灵活运用到自己家里的话，那么你不就会马上变得轻松起来了吗？

首先，给予物品明确的位置，减少寻找的时间。如果知道东西摆放在哪里，给它一个合适且容易记住的固定位，那么就可以大大节省寻找物品的时间和劳力。由于物品都有了固定位，随之把物品放回属于它的位置也会变成一个极其自然而简单的动作，这样就不会一不留神弄得家里一片狼藉。单凭这一点就能让你的生活轻松很多哦，对于大家庭居住、拥有很多物品的朋友更是效果特别显著。

即便自己是收拾整理好的，但家人却不知道物品的摆放位置的话，每次想用的时候都会跑来问"东西在哪里"，而且用完也会是随手一丢。如果不用再被问这问那，也不需要去帮他们收拾残局的话，那该有多轻松啊！

而且物品摆放井井有条的房间，会显得特别清爽，每次打扫整理也不必经历一次一次的翻箱倒柜的恶仗。你会轻松维持一个清爽自在的居家环境。

焦躁之时，舍弃之时

　　当你每次想用一个东西的时候，都要想"它在哪里呢，又去哪里了"，紧接着像热锅上的蚂蚁一样不停地寻找，这是不是一件特别让人烦心的事呢？若花费几分钟找到了则还好，最令人抓狂的是无论怎么找都找不到，翻遍所有的抽屉和柜子，最终把房间弄得一片狼藉。人一旦进入这种状态，就会变得非常焦躁，也就会更加找不到你要的东西。更有甚者，会将这种情绪发泄到周围的亲人朋友身上，因而引起不必要的争执。仅仅是因为找不到一样东西，却会让人陷入这样的恶性循环之中，我们生活中的压力及负面情绪也会在无意间进行了储蓄。

　　但只要学会了整理收纳，就能让我们远离这种不必要也完全可以避免的状况，轻松愉悦地度过每一天。

　　实际上，我非常推荐将整理收纳作为缓解压力的一种方式。当你感到焦躁的时候，就是你需要整理丢弃东西的时候。人们在焦躁状态下，往往能够更加果断地判断哪些东西是需要扔掉的。例如，在工作上遇到了无法容忍的事，或是与恋人吵架生气的时候，请试着打开抽屉，把不需要的东西扔掉吧。应该很快就能消气，冷静下来，不知不觉中心情也会奇妙地平复下来了。

办公桌整理干净了，重要的工作也会随之而来

办公桌整理干净了，重要的工作也会随之而来，这是我个人在做销售工作时的切身体会。

举个简单的例子，假设上司要你拿个文件给他，当办公桌整理得有条不紊时，不费力气就能马上递给他。反之，则要千辛万苦地翻弄，找联络方式、找笔、找资料等。虽然这每一个动作都只会浪费你 1 分钟的时间，但是一旦积累到 10 次、20 次，那么浪费的时间就会增加到 10 分钟或 20 分钟。

而且每一次寻找都会干扰到手头正在做的工作。若没有了这个找寻过程，我们就能全身心地集中于当下的工作，不需要加班，工作成果会更出色，上司对自己的评价也会越来越高。

请试着想象一下，上司要你给他看个资料，你却因为忙于找寻而迟迟拿不出来，会让人觉得你很没有条理。那么即使你有能力，上司也不会放心把重要的工作交给你。**仅仅因为你能否把办公桌整理干净这一点，分配工作的时候就会无形间与别人产生差距。**

通过收纳学习选择的能力，使人生更顺利

整理收纳过程中，最重要的一环是分类作业。这既是一个区分自己是否喜欢这个东西、是否正在使用这个东西的过程，也是一个"这个东西真的需要吗"的自我检查过程。通过重复上述行为，就能掌握一种自我选择的能力——选出自己真正需要的东西的能力。一旦掌握了这种能力，当你徘徊在人生的岔路口时，也能看清自己应该走的路，做出最好的选择了。

另外，通过整理收纳，也是一个发现不同的自己的过程。对于那些不知道自己喜欢什么、有什么兴趣爱好的人来说，就非常推荐这个方法。通过分类整理自己的物品，就能知道自己大量持有哪些东西，哪些物品是一直没扔且保存良好的。**渐渐地，你就会通过认识你的物品而发现自己的兴趣爱好。**

仅仅通过整理收纳这个过程，不仅使居家环境变得舒适自在，还能认识自己、选择自己，连你的人生也可以变得更加多彩多姿。

收纳 ≠ 遮掩

或许会有人认为，整理收纳＝把东西都藏起来，但我绝不这么认为。整理收纳＝当你想用一样东西时，马上就能得到，这才是一个让人舒服的家。

很多收纳整理的初学者，不管三七二十一，总会先把东西收到抽屉或者柜子里，客厅或者其他生活空间变得空无一物，这样就觉得是收拾干净了。这种做法表面上的确会使家里显得很宽敞舒适，但实际生活中使用起来就会产生很多不便，变得本末倒置。当你想要用某一样东西时，需要花费很多的时间才能拿出来，甚至由于又不知道放去哪里了，再次翻箱倒柜，再次陷入不必要的压力。

并且大多数情况下，放在最里面的东西，被你隐藏得很好的东西，之后你根本连想都想不起来。也正是这样，"从来不穿的衣服""无谓的物品"就有了滋生繁衍的土壤。

收纳分为可视化收纳和不可见收纳两种。**但无论采用哪一种方式收纳，第一原则都是在你需要的时候，可以立即拿到、使用。**

所谓"可视化收纳"，就如字面意思，要把东西整理在马上能看见的位置。轻易可见的话，就无须耗费时间去寻找，这样就会非常轻松简单。

"不可见收纳"，也就是把东西放入柜子、收纳盒，或者用布遮盖，让物品处于看不见的状态。这种收纳方法，有一个需要你密切关注的要点，就是即便物品处于看不见的状态，但当你打开柜门、收纳盒盖或拿掉遮盖布时，就必须让收纳空间里的所有物品一览无余，我们称为"一步到位"。

请大家回想一下之前举过的超市的例子。在超市里，大家应该都只会买货架上一眼就能看见的商品吧，而且最明显的位置最吸引你的眼球。而那些隐藏在货架深处，或是放在纸箱子里的商品，对于我们来说基本就等于不存在。在我们日常生活的环境中也是同样的道理。人们只会使用放在显眼处马上能获得的东西，或者只需要"一步到位"就能看到及获取的物品。对于看不见的东西是不会使用的，久而久之，就会把这个东西也给忘了。

至今还采取遮掩搪塞的方法整理收纳的朋友，一起开始采取真正轻松自在的收纳方法吧！

将不可见收纳
转化为
可视化收纳

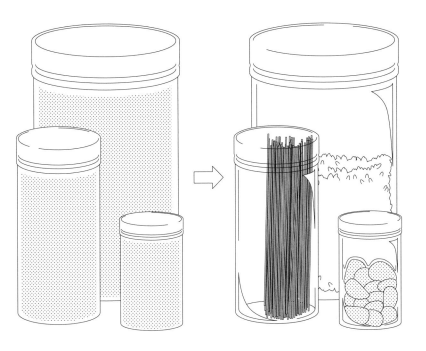

遮掩法的缺点

✦ 无法把握采购时机

✦ 不打开就不知道里面是什么

可视化的优点

✦ 在需要的时候才购买，避免浪费

✦ 一眼就知道里面放了什么，节省找寻时间

整理收纳 ≠ 丢弃

如果有人认为，整理收纳就等于是扔东西，那么请马上把这种观念丢掉吧。

有些东西即便平常不使用，但仅仅是拥有它，你也会有无比的幸福感。 相信大家都有这样的经验吧，比如十分喜欢餐具的人，只要能看到它们就会马上得到满足。或是儿时的照片或书信，虽然不会反复去看，但却饱含着我们满满的回忆。

勉强扔掉这些有意义的东西，反而会使得自己精神紧张疲惫，这也不是我们所推崇的收纳方法。所谓的整理收纳，最终目的是要让我们能够更加舒适自在地生活，而不是单纯把所有不必要的物品都舍弃掉，只保留最少量的必需品。

对于每个人来说，物品的适当量都是不同的。对我们更重要的是，需要好好思考对自己来说哪些东西是真正必需的。对于那些自己无论如何都想保存的东西，即便你拥有的物品比别人多很多，也都是不必扔掉的。

对于那些感觉收纳空间不足，为容纳不下所有物品而困扰的朋友，请试试本书接下来要介绍的收纳方法。你会发现实际上我们的收纳空间远比想象的可以收纳更多的物品。

单靠一支笔，就能感受到爱的萌芽

一旦开始整理收纳，就是我们面对每个物品的旅程。

例如在分类作业时，在决定物品适当量时，我们就会考虑每个物品的必要性和继续使用的理由。

自然而然地，在这样一个思考的过程中，我们对于物品的爱惜之情也会越来越浓。

并且在收纳整理的同时，我们的大脑也在处理着该物品的信息。整理过程帮助我们更好地理解物品的正确使用方法，也让我们今后更有效、更大限度地使用它。经常准确有效地使用物品，不论对使用者还是对物品，都有好处，并且随着长时间的使用，我们对于物品的感情也会加深。

对物品产生感情后，丢弃的时候就会觉得不舍。正因为我们有了这种感受，在你买东西的时候就会认真思考是否真的需要购买新的物品，就能避免不必要的浪费。**如果我们是在认真思考后买下物品，那么同样也会珍惜使用它。**

即使只是一支笔，也能感受到它的重要性，想必这样的生活状态，在精神上，在日常生活中，都能带给我们真正意义上的充实感吧。

为了我们的幸福，让我们开始一日一收纳吧

在我们整理收纳的过程中，一旦集中注意力去收拾，不知不觉中就会有这样的疑问：我们的目的就是整理收纳吗？至今也有很多收纳理论是以"丢弃物品让生活变得轻松"为目标。

但是，丢弃物品也好，整理也好，都只不过是解决我们日常生活中的烦恼的一种手段而已。因此在这本书里，**我既不推荐随便丢弃物品，也不会限制你购买新的东西。**

整理收纳的最终目标是，让我们的生活变得更加舒适快乐。

"工作为什么总是进展不顺利""为什么总是存不到钱""为什么我总是迟到""为什么我结不了婚"等这些烦恼，也许看上去和整理收纳完全没有关系，但是正如之前解释的那样，大多数的烦恼，都能通过整理我们生活中的人和事物，或理清我们自己的思绪而得以解决。

应该有不少人会觉得收纳整理是一件特别麻烦的事情吧。但是，哪怕是 1 分钟也好，请大家开始尝试一日一收纳。这或许会给你的生活及人生带来惊人的转变。

通过收纳整理，

收获意想不到的幸福人生

我有一位客户，厨房里物品泛滥，连我这个客户本人也不知道哪里放了哪些物品。在我为她提供了收纳整理的指导服务之后的某一天，她给我发来一封令人欣慰的信：她本来做料理从未受到过表扬，某一天她的孩子对她说："今天的晚餐很好吃哦！"

回想起来，之前都是用随手能及的物品做料理，因此几乎换汤不换药，味道大同小异。通过收纳整理，各种厨房用具和调味料都放在了非常顺手的地方，饭菜的种类自然而然有了变化，味道也随之变得丰富起来了。

现在这位客户每天都觉得做饭是件特别快乐的事情，每天都非常享受在厨房的时光。

之前，由于家里太乱了，甚至到了不想回家的境地，而通过收纳整理，就连收纳整理本身也变得乐趣无穷，每天工作结束就会想要回到自己温馨的家园。

家里还是乱乱的时期，都会流浪在外，一家一家地喝酒消磨时光，因此也多了很多无谓的开销。现在每日提早回家，不仅这部分开支没有了，慢慢地也有了自己的存款。最近似乎还购买了一直想入手的新电视机。

第 2 章

马上开始吧!
收纳基本法

本章以"开始前""分类作业"和"丢弃"
三个步骤为你介绍收纳基本法.

分类→丢弃→收纳，严守这个基本步骤很关键

　　整理收纳的基本步骤是"分类""丢弃"和"收纳"这三步。听起来是否特别简单？但是否按照这个顺序进行却是相当重要的。

　　首先通过分类，可以切身感受下自己拥有多少物品。当你知道自己拥有多少物品之后，你才会体会到自己需要丢弃多少物品。**不通过分类和丢弃这两个过程，就无法决定自己实际收纳的量以及所需要的收纳空间**。如果一开始就购买收纳用具，那么就有可能产生浪费。只有按照正确的步骤来进行，才能避免浪费，更加有效地把收纳整理进行下去。

　　另外在分类作业时，要选用连小朋友也能完成的简单分类方法，这一点很重要哦。例如，整理笔的时候，可以分为黑色笔和彩色笔。食品的话分为保质期内和保质期外。实现不需要多加思虑就可机械式完成的简单作业。

　　反之，若你从一开始就要求自己做出哪些扔哪些不扔这样重要的决定的话，那么心情也会相当沉重吧，渐渐地就会失去干劲，越做越没信心。若只是完成简单的机械式分类作业就会持之以恒。

把所有的烦恼和不满都写下来吧

无论如何，请尝试把自己的烦恼和不满，在意的事情都写下来吧。不仅是收纳和室内装饰的问题，早上上班前和家人的争吵，一不小心就吃了零食，任何的烦恼和不满都可以写。或许你会觉得，这些跟收纳整理又有什么关系呢？**而事实是，人生中的很多烦恼都是可以通过收纳整理解决的。**

例如，是否有不知道物品收纳位置，从而引发夫妻间争吵的例子？匆忙慌乱的早晨，丈夫由于不知道东西放在哪里，什么都要去问老婆，使得两人都变得焦躁起来，这也就成了争吵的导火索。

一不小心就吃零食，这个也能通过可视化收纳和不可见收纳的方法来区分放置得以解决。看到食物就想随手拿来吃，这是人之常情。因此只要把离保质期还远的食物放在看不见的位置，就能轻松解决。

通过整理收纳，不仅能让房间变得干净整洁，也能让我们过上没有烦恼的快乐的生活。

厨 房

冰 箱

书 桌

其 他

找出烦恼
和不满

根据不同的场所，尝试写出自己的烦恼和不满，或许就能看出改善的切入点（例如，家人脱下来的衣服随便扔在沙发上等）。

玄　关

衣　橱

客　厅

你理想中的房间是什么样子的呢

为了能更有效地开展整理收纳工作，让我们决定一个自己理想中的房间的样子吧。了解自己理想的房间是什么样的，我们就有了努力的方向，什么是需要的、什么是不需要的，就可以轻易知晓，从而造就一个具备统一感的房间。

说到理想中的房间，或许有很多人连自己都不知道自己喜欢什么样的房间吧。这个时候，你可以拿出家居杂志，试着把觉得不错的房间照片剪下来。把这些照片按照简洁、自然、北欧、乡村、咖啡馆等不同的风格分类。在这之中，你收集最多的那一个，就定为你理想中房间的样子。

若是只以一张照片为基准，则会太过受限，无法继续前进。因此推荐你多保留几张不同风格的照片，以便灵活参考，打造更加接近我们理想的房间。

若是日常生活中就多关注，进行收集，就更能了解自己对于房间的风格喜好。

4

从每天都会使用的场所开始收纳

一旦决定开始收纳整理，你会从哪里开始着手呢？

我做收纳整理师以来，很多时候到了客户家，常常会被要求"从储藏室开始吧"。的确，一般情况下大多数不需要使用的物品几乎都会在储藏室内，这个很容易理解。但是储藏室的整理收纳非常花费时间，往往物品杂乱繁多，是个高难度的工作。而且也不是日常生活中经常光顾的场所，所以即便整理好了，也让人少了点眼见为实的直观成就感。

所以相对于储藏室，我更推荐从我们每日都会使用的场所开始收纳整理作业。例如家门口的玄关，空间较小，放置的物品也大多不过是包包、鞋子、伞、打扫用具之类，分类也很简单。而且，玄关是每日出门、回家至少会光顾两次的地方，也是接收快递，或者有人拜访时最容易被人看到的场所，若整理得整洁无比，更会让人觉得心情舒畅。如此就有了收纳整理的动力，就可将整理收纳拓展到家中其他场所了。

抑或是，从最简单的、我们每日都需要用的随身包开始。若是在办公室，比起抽屉、收纳柜，可以先从整理桌上的物品开始。

整理收纳，每次最多30分钟

此时在阅读这本书的读者中，想必有不少人在收纳整理上有过挫败经验吧。为什么会有挫败感呢？是因为没有足够的收纳空间，还是因为物品太多？其实这些都不是收纳整理失败的原因。**最有可能的受挫原因是，人们往往会想要一次性就把一大片地方全部整理干净。**

大家有过这样的经验吗？一下子把衣柜里的东西全部拿出来开始整理，结果要么中途就疲惫不堪觉得累了，要么突然有事就进行不下去了。要想在整理收纳中不受挫，我们就不要幻想一口吃成个大胖子，请尝试以时间为区隔，"每次最多 30 分钟"为标准来进行收纳整理作业。如同在第 1 章中提到过的那样，如果没有时间，哪怕是只花费 1 分钟或者 5 分钟来收纳整理也是可以的（只是我不推荐超过 30 分钟的收纳整理工作）。即使收纳空间不够，需要整理的物品非常多，任何人也都可以轻松坚持。

或许会有人抱怨，30 分钟实在太短了，不会有什么进展呀。但是，只要你集中精力去充实那 30 分钟，还是可以完成不少事情的，最终会非常有成就感，而且也不易疲倦，容易安排时间。

"每次最多 30 分钟"能够完成的整理收纳量，大概就是一张四人座的晚餐桌大小的物品吧。

　　假设你要整理衣橱，若是超过"一张四人座餐桌大小"的物品，就可以尝试从整理裙子或者上衣开始，细分要收纳整理的物品，尝试下"每次最多 30 分钟"的收纳法。

　　这个"每次最多 30 分钟"的方法，也很适用于"时间的整理收纳术"。

　　想必很多人在计划一天的日程安排时，会先制作一份必须要完成的清单，完成一件消除一件。但这种方法很有可能会以完成不了而告终。

　　此时，试试将日程表以"每次最多 30 分钟"为区隔，来建立每天的行事计划。由于制定了清楚的时间界限，会让人一直保持着紧张感，不知不觉中，工作也会在无意间完成了。

30分钟整理
检查清单

整理项目检查清单

[书桌]

☐ 文件夹等纸类   ☐ 文具

☐ 桌上的物品   ☐ 已完成项目的文件

[玄关]

☐ 经常穿的鞋子   ☐ 不常穿的鞋子

[壁橱]

☐ 上衣   ☐ 下装

☐ 西装   ☐ 内衣

☐ 围巾   ☐ 皮带

☐ 首饰、帽子、手套   ☐ 家居服

[厨房]

☐ 餐具柜   ☐ 锅

☐ 刀具   ☐ 汤勺、锅铲等

☐ 收纳容器   ☐ 储存食物

[冰箱]

☐ 调味料   ☐ 蔬菜

☐ 冷冻品   ☐ 冷藏品

开始收纳前，让我们来拍照吧

开始整理收纳前，请先给将要整理的场所拍张照并观察它。照片里的物品，是都想给别人看见的吗？或是里面有不想被外人看见的物品呢？

在我们日常生活中一些很难察觉的物品，通过照片就会很容易发现它们的状态。如同镜子中的自己和照片上的自己不一样，照片会以非常现实客观的角度展现你的生活面。

照片中有随意堆放的杂志、散乱的小摆件的话，这些不想给别人看到的状态就需要整理。或者，美丽的花瓶被物品挡在了后面，就需要把前面的障碍物整理掉，需要把花瓶放在显眼处。**如此，通过拍照，你可以很直观地发现哪些是需要整理收纳的切入点。**

当你结束了整理收纳，请再次拍摄一张收纳后的照片，相信你一定会惊叹前后的差别。

把整理物品全都拿出来，摊放在面前

从现在开始我们来讲述具体的整理收纳方法。

整理收纳的第一步是分类作业。

首先让我们把所有想要整理的场所的物品都拿出来集中在一处。例如想要整理玄关，就把球鞋、皮鞋、护理用品、伞等按照类别全部从鞋柜中拿出来摊放在地上。若是你的衣柜中也有鞋子，也需要一起拿出来摆放开来。

这样就能马上知道自己竟拥有这么多的鞋子，是不是比自己想象中的要多得多呢？而且也能发现自己竟然有那么多不常穿的鞋子。即便是自己买的物品，却不曾使用，经年累月深藏在某处，甚至连自己拥有它都不记得。一般情况下，我们的脑子里往往只记得平时常用的或者自己喜欢的物品。

朋友，感受到自己迄今为止买了多少这样的鸡肋了吧！ 如果切实感受到了，那么就便于我们进入下一个丢弃流程了。

将物品分为喜欢、不喜欢、用、不用这四类

将物品全部摊开后，让我们开始分类作业吧。

我们可以尝试分类。例如抽屉中的文具，可以按照笔、铅笔、橡皮、夹子等分成四个种类。如果类别过于稀少，那么也可以尝试按照彩色笔和其他这样的粗略分类，重点是按照一般人都可分辨的客观事实来将物品分类。

接下来，把自己客观归类好的物品，按照下列四个项目进行分类：

①喜欢并且常用的物品

②喜欢但是基本不用的物品

③不喜欢但却常用的物品

④既不喜欢又基本不用的物品

①应该是既实用又符合自己喜好的物品。②应该是外观很喜欢但是却不实用的物品，或者是有纪念意义和充满回忆的物品。③应该是外观不起眼但是好用，或者是没有可替代品、无可奈何下使用的物品。其他从别人那里收到的无用的物品和不知不觉中购买的或者坏了的物品就归在④里面吧。

观察①和②，就能知道自己喜欢的颜色和花纹，或者哪些物品对自己是重要的。而看了①和③，就能知道哪些是好用的设计和品牌，或者哪些材质是好用的。反之，剩下来的物品，就是自己不喜欢的设计和材质，以及颜色搭配。那么今后购物的时候，就知道自己哪些该买，哪些则不应该入手。知道了这样的基准，例如③和④那样不知不觉中购买的物品也就会越来越少。

如果都是①这类物品自然是最理想的状态，但首先请从消灭④，只剩①②③这个目标开始吧。然后慢慢地将②和③的物品换成①，逐步为实现一个轻松理想的家而努力吧。

把物品分成
四类

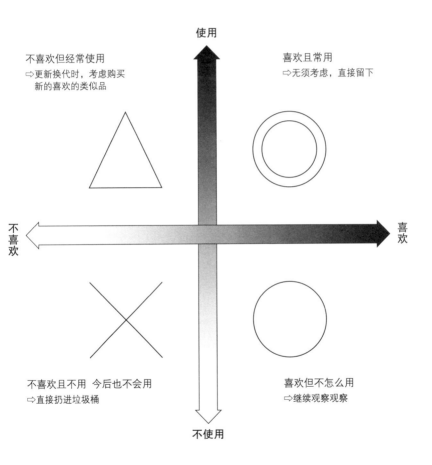

使用

不喜欢但经常使用
⇨更新换代时，考虑购买
　新的喜欢的类似品

喜欢且常用
⇨无须考虑，直接留下

不喜欢

喜欢

不喜欢且不用　今后也不会用
⇨直接扔进垃圾桶

喜欢但不怎么用
⇨继续观察观察

不使用

适正量的正确设定方法

整理收纳的下一个步骤就是丢弃。但在此之前，我们需要设定一个合理的适正量。

设定适正量的方法主要有以下四种：一次同时使用所需的最大量、想要保有的数量、收纳空间可容纳的量、设定保存期限。

例如厨房里有 3 个炉灶，平底锅有 10 个。那么根据同时使用的最大量这个方法来计算的话，适正量就是 3 个。但是若是这些锅子都是长期爱用的物品，光看着它们就能变得很幸福的话，那么 10 个都留下也是你的适正量。此为根据你想要保有的数量来决定的适正量参考。此外，若是炉灶下面可以存放锅子的数量是 5 个的话，那么我们也可以把适正量设定为 5 个，这就是方法三。因此适正量的数字并不是一个固定不可变化的数字，无论这个数字是多少，最重要的是你如何来确定得出适合自己的合理的适正量。

若是纸制品、印刷品的收纳，则可以使用保存期限这个方法。例如可以决定报纸的保存期限是一个月的话，那么适正量就是一个月。

但是不论哪种设定方法，最重要的是最终尝试得出一个自己的适正量结果。若在实践之后发现并不适合自己，再逐步调整即可，不必强求一步到位给自己过多压力。

给予物品一个"丢弃的仪式"

是否即便决定了要丢弃某些物品，也无法简简单单地丢掉呢？特别是那些曾经爱用的物品以及还未曾使用的物品。

在明明决定了要丢掉，却一直无法付诸行动的时候，我推荐你尝试举行一个"丢弃仪式"。

以下就介绍几个我本人经常使用的丢弃仪式。

若是需要丢弃的衣服，就把扣子剪下来进行保存吧。

如此一来，即便衣服再也不能穿了，剪下来的扣子也可以使用在别的衣服上。既方便，也留下了对这件衣服的回忆。

另外一个方法是帮物品拍个照片将它们数据化后保存下来。

例如孩子们在学校上课时做的手工作品，事实上即使一直保存着也只会变得越来越破烂，更何况你也不会真的经常拿出来看。若你把它拍成照片保存在相册里，就可以时不时翻看一下，反而更好地成为可以随时翻阅的美好回忆。

活用除了丢弃以外的处理方法

即使我们了解整理收纳可以使我们的生活更舒适自在，但如果必须把没有在使用的物品或者还能使用的物品忍痛丢弃的话，也的确是一件相当劳心劳神的事情。此时为了减少我们的罪恶感，也可以灵活使用丢弃以外的处理方法。

衣服类物品可以考虑捐赠慈善机构，或者有些品牌厂商会推出旧衣回收的服务，甚至有时还会举办捐旧衣送折价券等活动，这些都可以很好地利用起来。

除了衣物类，家具、家电、餐具等可以请旧货回收店回收。若耳环耳坠等只剩一只，或是有划痕，缺一个角的话，若上面镶嵌有宝石或者黄金，那么也可以作为贵金属在回收店进行估价。

或者进行二手网拍也是不错的选择。在网络环境盛行的当下，或许很快就可以让物品找到它的下一个主人。

若是附近有跳蚤市场，也可以尝试参加哦，或者转让给亲戚和朋友也是不错的选择。

但作为整理收纳物品的方法之一，在活用回收和拍卖这些方法的时候，重点是不要太在意贩售的价格。因为原本就是确定需要丢弃的物品，若反而还能带来一定收入的话，就已经很幸运了，要持有这样的心态来完成转让。若太在意价格，反而在价格达不到心理价位的时候变得无法脱手，最终也就无法实现我们最初的清理物品的目的。

在处理旧物时，我们也要注意以下几点：衣服最好清洗或者干洗，整理干净之后再送出去；家具和家电也最好弄干净整齐之后再送去回收店；书尽量挑选破损不严重、不是特别脏的拿去捐赠。这些都是处理回收物品时所需要的礼貌和常识。

给予所有物品一个"家"

完成物品的分类和丢弃后，接下来要做的就是决定物品的摆放位置。对待家里所有的物品，我们都需要给它们规定收纳场所。

说句实话，为什么家里会在不经意间变得很乱，就是因为我们在使用物品之后没有及时把物品放回属于它的位置。**无法物归原位的原因主要有以下两点：一是物品没有固定的收纳位置，二是物品的收纳位置距离使用它的地方太远了。**

我们在确定物品的"家"的位置时，为了能方便地把物品放回去，就要使它尽量靠近物品的使用场所。若能结合使用频率和使用顺序一起考虑的话，这个"家"就会更加合理方便。

拿护肤品举例，大多数人会放在梳妆台或是洗脸台上。若你喜欢早上一边涂抹一边看电视的话，那么或许可以准备一个收纳盒收纳这些保养品，并且放在电视机附近。若同时按照化妆水、美容液、乳液、乳霜的使用顺序依次摆放在收纳盒里，那么就完成了对于这些物品的"家"的设定。当然，这些收纳位置，是可以根据我们的生活方式变化和物品变化做灵活调整的。重要的是，赶紧尝试给你的物品一个"家"吧！

坚持"一个地方一个种类"的收纳原则

收纳的原则是需要坚持一个地方一个种类。

只要坚持在一个划定的区域内只放一种物品，就能毫不费力、简单清爽地将物品收纳整齐。

例如将餐具、刀、叉和勺子混放在同一个地方就不好了。请将它们按种类分别摆放，例如普通的勺子和茶勺也分开放置，也更便于日常使用。

一个地方只收纳一种物品的话，不仅外观看起来让人舒服，也更便于我们使用后收纳。另外也不用担心放错地方，或者搞不清楚到底应该放回哪里。若物品收纳整理分类得井井有条，拿取和放回也就变得自然及轻松。想必大家的桌子和厨房抽屉里，都有那么一些位置同时放置了好几种物品吧。如果有，请尽快尝试一下一个地方一个种类的收纳法吧！

收纳区分越细，心情越舒畅

为了实现一个地方只放一种物品，就必须划分区域。

划分区域是很重要的事情。**即便是同样的收纳空间，通过使用隔断和小盒子，划分得越细，可收纳的量就会变得越大。**不就是同样的收纳空间吗？也许你会这样怀疑，但是如果没有隔断，就会产生空间上的浪费，也就是所谓的死角。有了隔断之后，就不会产生这种情况，可收纳的量也就更多。而且每次拿取物品的时候不用再担心会把旁边的物品撞倒，实用、舒适和自在的程度也会提高不少。

我们也不必一开始就特意去买隔断，可以利用放甜点的托盘或者一些空盒子，先实际体验一下这种隔断方法的便利性。之后若想要分得更细时再去买也不迟。特别是餐具柜和鞋柜，通过放置隔断，应该能马上体会到便利性。我们也可以根据存放物品的高度调整搁板的位置，或根据实际情况增加搁板，以此来消灭收纳空间中的死角。

红白事用品和调味料归为分组收纳

　　物品收纳原则上是同一种类的物品放在同一个位置，但对于某些物品的"分组收纳法"也希望大家可以掌握。**所谓的"分组收纳"，就是将在同一情况下会同时使用到的物品按种类收纳在同一个位置。**

　　这种方法主要推荐使用在那些一年只会用几次的物品上，例如举办红白事所需的物品或者过圣诞节所需的物品。

　　举办红白事的物品几乎都是平时不需要使用的物品。婚礼的话，有红包、笔、小绸巾、崭新的钞票等。葬礼的话，有奠仪信封、薄席子、念珠、黑色袜子等。若到了需要使用的时候还要到处找寻的话，就会特别辛苦麻烦。因此事先就把它们集中在一起收纳，就可以毫不费力地一次到位。

　　另外，每天都使用的调味料和早饭套餐也很适合这种分组收纳法。

　　我们可以根据早餐的种类来进行收纳。例如，早餐可以分为米饭组合和面包组合，一般情况下两者是分开场合使用的，所以当你需要的时候，只要抽出那个收纳盒就可一步到位拿到你要的物品。

餐桌、吧台、鞋柜上，除了装饰品不要放其他东西

餐桌、吧台、鞋柜，看到这些位置你能想到它们有什么共同点吗？它们都适合摆放物品，并且一般都刚好是我们的视线高度。也就是说这些位置是最容易进入我们的视野，也是拿取物品最顺手的地方。

但反之，如果这些位置很凌乱的话，也是最容易被看到的。**顺手的地方 = 显眼处，因此我们一定要坚持只能在这些位置放美丽的装饰品或真正想要被关注的物品**，这是我们一定要坚持的原则。

随手把刚收到的邮寄广告信件扔在鞋柜上，读了一半的杂志堆在餐桌上，吃剩的小点心散落在吧台上……这些就是我们无意间就会做的事情。但是为了给家一个整洁舒适的感觉，还是值得我们稍微控制一下自己的无意间的动作的。

另外，即便再美丽的装饰品，若摆放太多就会物极必反。原则上只推荐设定一个装饰主题，这样也更能凸显装饰品的美妙之处。若你拥有很多装饰品，可以考虑根据不同时节或者时期进行更换，也能给家带来变换的气息呢。

有一定高度的收纳空间的收纳法则

若是有一定高度的收纳空间，我们可以根据高度划分为三层，分别放置不同的物品。**收纳要根据物品使用方便度，来设定物品的摆放高度**。

①腰部到视线的高度→收纳最频繁使用的物品

②高于视线的高度→不常使用的轻便物品

③低于腰部的高度→不常使用的重物

首先上述①的区域，是最容易看见也最顺手取放的位置，也可以说是最方便拿取和收拾的。所以我们可以将使用频率最高的物品摆放在这里。若是在规划餐柜的收纳，就可以放我们每日都会用到的碗碟和茶杯。

②则是要伸手才能获取的位置，或者是必须借助台阶才能取放物品的位置，推荐收纳不常使用的轻便物品。或者，用来存放那些高级品牌的茶具，每次抬头看到的时候是否也很赏心悦目呢？

③则适合存放不常使用的重物。例如大的盆子和锅具等。

若不按照这个法则来收纳的话，或许会导致物品散乱，收纳也不易达成，无意间心情也会变得很郁闷吧。就让我们根据高度和上述法则，改善一下我们的餐柜和鞋柜吧！

另外，尽量不要在上述②的空间里放置物品，尤其是在有柜门且看不见里面物品的情况下。因为高度比较高，不但拿取不方便，并且因为看不见里面的物品，会是最容易被人遗忘的角落，也是那些你多年后才会发现的物品的藏身之处。

如果②的位置没有柜门，也能一直被看到的话，就更要整理得美观一点。例如摆上心爱的茶杯和碟子，那么每当你看见它们，也会心情大好吧！

有一定高度
的收纳场所
的收纳守则

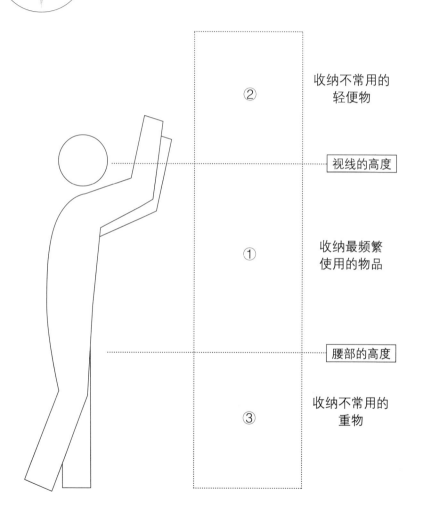

② 收纳不常用的
轻便物

视线的高度

① 收纳最频繁
使用的物品

腰部的高度

③ 收纳不常用的
重物

将物品从包装盒中解脱出来，放在统一的容器中

在一个收纳空间内，若摆放着各种颜色各种材质及形状的包装盒，也很容易给人一种杂乱感。为了避免这样的状况，**推荐你将物品从各自的包装盒中拿出来，放到统一的收纳盒里，**就会顿显整齐清爽。

例如盐和糖、小麦粉等厨房用的食材类，以及咖啡、红茶等个人的嗜好食品，都可以用统一的玻璃瓶来收纳。洗脸台和浴室用的洗发水、护发素和洗手液等，可以收纳在统一的液体瓶里。不仅美观，也很方便使用。推荐大家使用透明的收纳瓶。若放在包装盒内，由于看不见，则残余量是多少也无法知道。若是透明容器，何时需要更新补充一目了然。

厨房用的洗洁精可以放入按压瓶内，使用时会变得轻松很多。或者把化妆棉和棉棒放到单手就能打开的玻璃容器内，这样在需要的时候单手就能轻松获取。

点心也可以存放在统一的透明容器内，这样即便突然有访客，也可以做到不慌不忙地自在取出，招待客人。

只是更换一下存放容器，就可以让我们的生活变得更加整洁有条理。

可视化收纳

物品找不到，不用的物品越积越多，物品散落各处……为了避免出现这些情况，我们要尽量做到可视化收纳。

例如衣柜的抽屉，若我们把 T 恤一件件叠放在内的话，打开抽屉时只能看见最上面的那一件。若我们需要看下面或者拿取下面的 T 恤时，就必须把上面的 T 恤拨开或挪开。**此时就推荐你使用折叠站立收纳法收纳这些衣服。**只要我们打开抽屉，里面的衣服就能一目了然。我们也可以在抽屉内设置小分隔，这样拿取的时候就不会影响到别的衣物，推荐你活用这一收纳法哦！

餐具柜也是如此，若柜子的最外端到最深处每排都摆放的是同一种物品的话，那么只要看最外面的部分就可以知道放了什么。这种可视化收纳，可以大大节约我们找寻物品的时间，也节省了我们的精力。改良一下收纳的方法，就能换来往后的轻松使用，是否这样的收纳方法很值得尝试呢？

购买收纳用品的小诀窍

整理收纳的最后一个流程，就是购买收纳用的物品和家具。当然这也算是增加家中物品的动作之一，因此若可以不买就搞定收纳的话，也很不错。

只要我们开动脑筋，收纳空间就会扩大。往往按照本书前述的步骤来实践的话，多数情况下原本的收纳家具及空间都会是足够的。

下面我们就来谈谈无论如何都得购买收纳物品的情形吧。

其中最重要的一步，就是一定要事先量好摆放空间的详细尺寸，认真测量宽度、深度及高度。假设我们要在厨房水槽下面追加一个柜子，考虑到柜门的五金等，需要测量的是空间内最窄的那部分。另外去家具店的时候别忘了带上尺子，有时候商品本身不会标注它的每个尺寸。

购买空间分隔的物品，相比起圆形的轮廓，我更推荐你使用四角 90 度的物品，这样放进抽屉不会有间隙及浪费空间。颜色推荐选择白色、黑色或者透明色。**收纳容器的颜色不太花哨，里面摆放的物品才会更加显眼。**

可立马上手的 1 分钟收拾法

给大家介绍一些1分钟内就能完成的简单收拾法。在工作和家务的休息间歇进行的话，也可以当作一种心情转换呢。

把桌上的物品全部撤走

把桌子上的物品全部撤走，用水擦干净桌子。视线集中的位置打扫干净以后，心情也会变得舒畅哦。

扔掉已经不出水的笔

把不出水的笔统统扔掉吧。这样就不再会因为拿了支写不出字的笔而郁闷烦躁。

给手机一个固定位

给老是找不到的手机一个固定的"家"吧。自己家中、包包内、公司内，在这些我们日常活动的地方都给手机一个固定的"家"。

将冰箱上贴的物品全部拿走

把贴在冰箱上的物品全部撤离吧！若是真正需要使用的物品，请不要贴在冰箱上，而是收纳到更合适的位置。

拒收广告信件

不需要的宣传广告信件，请不要打开，直接写上"拒收"并署名，然后投入邮箱。这样今后就不会再收到类似信件。

按照使用顺序摆放化妆品

化妆品可以按照使用顺序来收纳摆放，这样使用时就无须多思考，按照顺序拿取即可，这样至少每次能节约5分钟哦。

整理积分卡

把钱包中的积分卡全部拿出来，过期的统统扔掉，其余按照类别整理到钱包中，这样更便于下次使用。

扔掉无法使用的保存容器

盖子盖不住，或有怪味和被染色的容器，不要舍不得，尽情地丢掉吧。

整理纸袋和塑料袋

给不知不觉囤积的纸袋和塑料袋，制定一个适当的存储量，多余的都丢掉吧。

将水龙头和水槽的银色部分都擦拭干净

将水龙头和水槽的银色部分擦拭干净至闪闪发光，会带来无比的舒畅感。

第 3 章

收纳效率提高！
划分空间的要点

根据收纳的位置和所收纳的物品，会有相对应的收纳要点。只要注意了这些要点，收纳成果就会更加显著。

请尝试将所有物品拿出来

接下来本书要介绍的是，具体到不同的收纳场所，有不同的收纳整理的方法和要点。但希望大家切勿忘记，无论整理何种物品，分类→丢弃→收纳这个基本顺序是不会变的。

首先来说一下我们日常都会使用，而且也可以实现短时间内就整理完的包包。即便对于整理收纳的初学者，也可以轻松驾驭，马上就能让你体会到收纳整理带来的便利。

首先，请将包包内所有的物品都倒出来在桌上摊开。回想一下今天没有使用的物品有哪些，是否其中有一直放在包包中却从来都未曾使用过的物品。**让我们将包包内的物品分为"应该放入的物品"和"可不放的物品"**，若是毫无用处的部分则狠心丢弃，或者将物品放回它更适合的位置。其次，再让我们来决定"应该放入的物品"的固定位。

若将那些不需要的物品都塞在包里的话，那么我们从包包里拿真正需要的物品时该多么花费时间，但若我们将每个该放入的物品规定一个固定位，使用时就会不假思索迅速取出来，就再也不必因为紧急时刻翻包找不到东西而急躁郁闷。

将每天必须带的物品放入内胆包

想必大家都会有这样的经历吧，有时候我们会根据不同的穿着搭配不同的包包，往往在更换包包的时候，就会忘记拿上一些物品。为了避免出现上述状况，最方便的就是给包包准备一个内胆包。

我们可以把钱包、手机、化妆包、名片夹、随身手册、数码相机等每天都需要随身携带的物品按照固定位收纳在内胆包中。**当我们需要更换包包的时候，只要将整个内胆包拿出来转移，就不必再担心会遗漏什么物品了。**

在选购内胆包的时候，我们可以根据每个人的实际情况斟酌选择。尽可能在购买前在店内试着整理一下，观察是否会出现随身手册会掉出来、口袋太少不够收纳等问题。若无法找到一个很合适的内胆包，我就会推荐你先不要购买，直到找到真正适合你的那一款再购买。

另外像随身手册和钱包这类比较大的物品，不收纳在内胆包内也是可以的。若你有很多细小的物品需要随身携带，则非常推荐你利用内胆包来整理收纳。

还有一个包包收纳法的要点是，尽可能不要使用包包本身的收纳口袋，特别是那些不太使用的内侧口袋，若将物品放入这些隔层或口袋的话，或许很快你就会将它遗忘在那里。

在"应该放入包包的物品"中，例如手机和随身手册是经常需要从包包中拿出来在不同场合使用的。特别是经常使用的手机，在家中、在内胆包内、在公司都需要给它一个固定位。这样，就不会有"手机放哪里去了"的寻觅时刻。我们可以给手机多个固定位，最重要的是不要养成随手放置的坏习惯。

按照我个人的习惯，因为会在家中的厨房、客厅、办公室等处随时使用，所以我会将随身手册和手机的固定位设置为一个手提袋，也方便随时收纳随时移动。

包包的
收纳

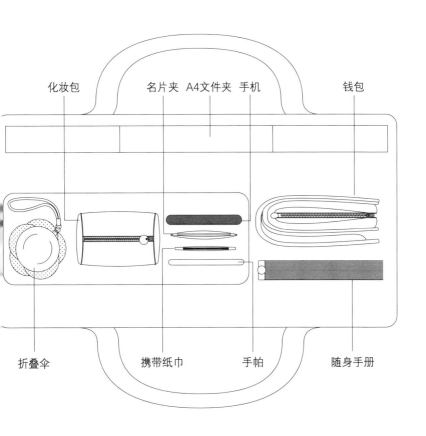

化妆包　　名片夹　A4文件夹　手机　　　　钱包

折叠伞　　　　　携带纸巾　　　　手帕　　　　随身手册

若可俯瞰就不会再迷失方向

　　包包内部的收纳方法，也和其他场所的收纳法一样，最重要的一点是当我们打开包包时可以对其中的物品一目了然。为了达到这个目的，**让我们将所有物品都竖直收纳吧**。如此一来，就可以俯瞰整个包包内的物品。请马上开始唾弃钱包上放着手帕，手帕上面还放着化妆包和手机的层层重叠收纳法吧。因为为了要把物品拿出来，就必须避开上面的物品，更有甚者，要把所有的物品拿出来，花费的时间和精力真的是非常可惜呢。

　　但若将物品都竖直摆放的话，有时候会因为包比较大，两边还留有空间，物品容易倒下。正因为如此，我们才需要内胆包。每天都必需的物品可以放在内胆包里，当天需要的文件则可以直接放在包包里。这样有区分地放置的话，也不会拿着拿着就把包包内变得混乱不堪了。

　　除了每天都必须携带的物品以外，工作上还会有一些一周内或者一段时间内都需要的物品，这种情况下我们也可以准备第二内胆包。有了这两个内胆包的话，就能更好地区分开包包内的物品，即便物品再多，也可以整理得干干净净。隔层越多，就可以收纳得越彻底，不论包包还是柜子都是如此。

书桌周围的物品尽可能的少

若要加速自己的工作效率，很重要的一点是把书桌周围的物品尽可能精简。因为若是同类的物品有很多个的话，想要使用的时候还要犹豫下选择哪一个，是否特别浪费时间呢？

书桌周围的整理，就让我们从文具的整理开始吧。**为了节省拿取的时间，我推荐抛弃笔筒而改用抽屉收纳法**。笔筒的话，不知不觉就会把越来越多的文具放在里面。倘若是办公室里，别人也会放进去或者拿走其中的文具，为了避免这些情况，推荐你尽可能将文具整理在抽屉的最前端。

接下来，我们可以整理书桌的表面。书桌上面的物品，每个物品都应该有一个固定位。物品尽量精简，最好就只有电脑、电话，以及即将要进行的工作所需的资料和其他文件。已经完成的文件就整理到文件夹内，收纳到抽屉内保存。

电话和电脑要放置在最方便自己使用的位置。若需要一边打电话一边记笔记的话，就请把电话放在不常用的手的那一边；要接电话的话，为了能更清晰地看见屏幕，可以调整电话的角度。我们可以根据自身的工作方式来灵活调整这些物品的位置。据说把电脑画面正对前方，以 25 度视线向下看是最合适的。可以参考这个角度来调整电脑屏幕的位置，工作起来也就会更加轻松。

另外我还推荐在电脑的旁边设置一个小亮点，例如美丽的装饰花、自己喜欢的照片或者装饰物。每次看到这些就能感觉到幸福。疲惫的时候看一眼，即使工作再忙碌，也会获取一丝欣慰和愉悦，也能立刻重新振作精神。

书桌桌面整理好了，接下来就是抽屉了。抽屉的整理，可以参考插图。最上面放使用频率最高的物品，最下面放已经完成及需要保管的文件。

最后我来分享下名片的收纳法。整理名片，我们可以扔掉一些不再需要的，就会节省很多空间，然后按照 ABCD 的顺序整理，放进盒子，再收纳到抽屉里，就能一直保持干净整洁。把手头与工作有关的人的名片放进工作文件夹里面，也是很方便的一种方式。

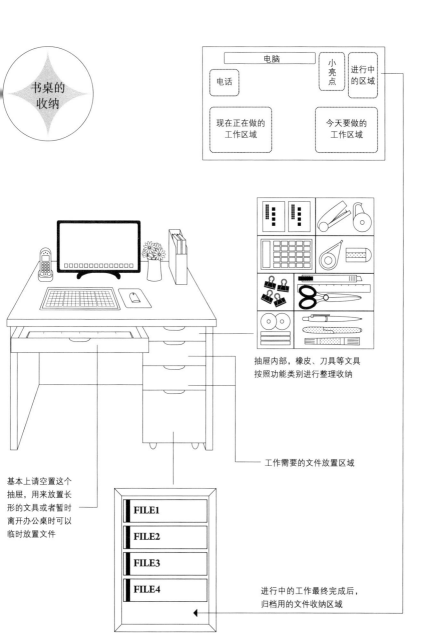

书桌的收纳

电脑

电话

小亮点

进行中的区域

现在正在做的工作区域

今天要做的工作区域

抽屉内部，橡皮、刀具等文具按照功能类别进行整理收纳

工作需要的文件放置区域

基本上请空置这个抽屉，用来放置长形的文具或者暂时离开办公桌时可以临时放置文件

FILE1

FILE2

FILE3

FILE4

进行中的工作最终完成后，归档用的文件收纳区域

文件按九大类收纳

文件和书籍如何分类、如何丢弃，对于整理收纳初学者来说是一件很难的事情。

推荐大家在习惯了整理收纳之后再来进行这项工作也不迟。

对于纸质类资料，推荐可以统统分类整理后进行文件夹方式的收纳。原则上是按照107页那样分为以下九大类：各类家电用品的使用说明书类、信件类、旅游类、美容类、银行保险等金融类，以及工作相关类等。**每个人的分类方法或许会有所不同，但关键是不要设置"其他"这样一个类别**。因为一旦设置了这个类别，我们一定会偷懒，往这一类里越放越多。因此我们需要准确地分类，严格地控制纸类资料的数量。

一旦超过我们设定的适正量，就要再次确认手头保存的资料，研究一下是否把不需要的部分处理掉。也许你会觉得这样好麻烦，但是如果不这么做，纸质资料就会越来越多，等到那时再去整理，你一定更加会感到一筹莫展、束手无策。

再者，处理掉旧资讯，替换新鲜的资讯进来，得到的信息也可以良性循环起来，也能使自己接收到的信息一直保持最新最有效的状态。

文件归类的时候，除了要考虑自己可以一目了然，还要考虑到他人的获取方便。例如在办公室，遇到你休息的时候，理想状态就是即便不问你，别人也可以轻松应对。

杂志也是有着很高收纳难度的物品之一。你心里想着哪天说不定还会再拿出来看看，于是就越积越多。

我们可以在看杂志的时候旁边放一把剪刀，遇到想要保留的，就把那页剪下来，然后继续往下看。例如下次想要尝试的发型、已经有类似的衣服可以模仿的搭配、想买的家具和甜点、感兴趣的报道等。若是马上就可以用的资料，就可以直接贴在随身手册内，可以保存的资料就归入文件夹内收藏。

书籍是比杂志更加难收纳的物品之一。但是一旦超过了自己设定的适正量，除了那些一定要保留的书以外，还是推荐你处理掉的。在需要割舍的书籍中，若有你特别喜欢的句子，就摘抄在随身手册上；有自己特别喜欢的那页，就单独复印保存下来，读完以后再处理掉吧！

纸质资料文件的分类法

项目	内容
说明书	电视机、微波炉、洗衣机等电器产品的使用说明书等
信件	邮票、邮费、价目表、未使用的明信片、便签等
旅行	护照、想去地方的剪报、里程卡等
美容健康	想要的衣服剪报、病历卡、健康保险单据等
金融	银行卡、存折、申报表、住房贷款单据等
商务	履历表、工作经验表、证件照、传真发送表、交易方相关资料等
电话网络	电话、电脑的说明书，网络密码等
日常	积分卡、会员卡、防灾逃生地图等
爱好	学习书籍、感兴趣的活动的剪报等

电脑桌面的图标控制在两列

电脑里的文件和文件夹肯定是随着使用会越来越多。若我们把我们的电脑桌面也收拾整理一下的话，工作效率自然会提高。

尽量保持桌面图标控制在两列以内。理想的状态是最好只有一列。建立"进行中"和"处理完"两个文件夹，不同项目的文件夹放到相对应的文件夹中。

命名文件的时候，可以以日期和对象的名字或者项目名字来设定。每当有更新的时候，就在原文件基础上更新并以最新的日期来命名保存，这样就不会出现同一个内容存在多个文件里的情况。

其次，若按照时间命名的话，**当文件按时间顺序排列的时候，找起来也会变得非常简单。**

例如我个人的情况，我的收件箱就是我的待办事项列表。回复或者处理完的邮件，都会立即归类到相对应的项目邮件夹中。广告类邮件的话，若是需要的信息就会摘抄在随身手册上，然后就马上移到垃圾邮箱中。不需要的邮件会直接删除，并且会在每天结束的时候定时清空。邮件整理得干净的话，工作也能高速有效地完成。若你因职业关系，不太能够删除邮件，那么也可以把这些邮件按照不同的类别进行归类整理。

根据鞋子的高度调整搁板

家里现有的鞋柜，肯定大多数都存在空间浪费的问题。因此我们要根据所存放鞋子的大小和数量来改变搁板的高度，或者是增加搁板的数量。

或许很多人会觉得增加搁板是一项大工程。若是事先安装好轨道才能再增加搁板的话，的确是很困难。但现在很多家居用品店内都有各种可以事后安装的巧妙用品。其次我们也不需要测量尺寸，只要把现有的搁板带去店里，就能马上买到或者切成同样大小的搁板。一切都比你想象的简单便利。

即便我们不增加搁板，我们也可以活用那些让鞋子折叠起来收纳的收纳用品。只是一般这类用品，在你想要取出使用的时候都比较麻烦。假设早上急急忙忙要出门上班的时候，一只手里拿着包，就希望只用另一只手把鞋轻松拿出来。一旦拿取不方便，到最后就会变成鞋子一直放在外面不收拾，或者就是一直只穿同一双鞋子。

鞋子是每天都要穿着使用的，因此千万不要舍不得那一点增加搁板的时间和精力，我们其实都是有能力给自己创造一个更加舒适的收纳空间的。

根据穿着频率，鞋跟朝外收纳鞋子

根据鞋子的高度来决定鞋子的收纳位置。人的视线高度到腰部的高度是最顺手的范围，那么这个位置就应该放最常穿着的鞋子。

比视线高度高的地方，收纳不常穿的鞋子。靴子和凉拖这种季节性强的鞋子，就可以放在够不到的地方。但是尽量不要装在鞋盒里，要实现当我们打开鞋柜就能一眼看到它们的状态。特别是靴子，一旦看不到就很容易重复购买类似的。

最低的那层就放需要系鞋带的运动鞋。因为穿的时候都是要蹲下，那么取的时候也就很顺手。

收纳鞋子主要就是两个要点：一是要把鞋子从鞋盒里拿出来，二是要将鞋跟朝外放置。

首先我们需要把鞋子从鞋盒中拿出来放入鞋柜。虽然你会觉得理所当然，也是太简单的小事了，但我相信大家家中的鞋柜上部一定有着那么几双连着盒子一起存放的鞋子。但是如果你都不清楚盒子里放的是哪双鞋的话，每次想要穿着时还要一双一双拿出来，是多么耗费时间的一件事情。

另外一点则是，我们要做到让鞋跟面朝我们的视线。像这样收纳，每次当我们打开鞋柜时，都能检查鞋子后部和高跟是否有伤痕。因为即便你站在镜子前面检查全身的时候，也是很难检查到鞋子的后部的。但是当我们走楼梯或者扶手扶梯的时候，站在后面的人却可以很清楚地看到这些状况，所以一定要注意。

当我们根据穿着频率分类鞋子的时候，有没有出现应该是为平时穿着而买的，但却完全没有穿过的鞋子呢？

有时候若是看到自己喜欢的鞋子，即便尺寸不合适，也会内心自我安慰说穿几次就合脚了，因而也会买下。但结果到最后还是会因为不合脚而不穿。成人的脚的大小和形状是不会再改变的，因此你所期望的合脚的那天其实永远也不会来临。以三次为限度，如果穿了三次还是觉得不合脚，那么就狠下决心处理掉，或者拿去鞋店修理。

根据高度
收纳鞋子

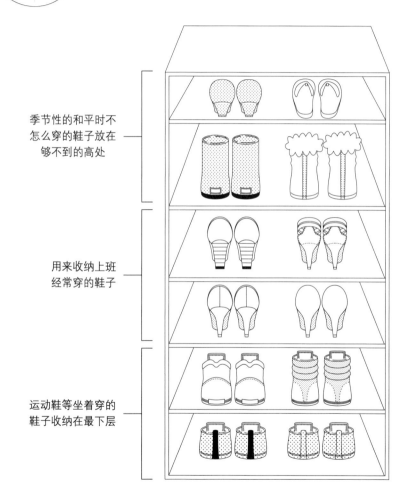

季节性的和平时不
怎么穿的鞋子放在
够不到的高处

用来收纳上班
经常穿的鞋子

运动鞋等坐着穿的
鞋子收纳在最下层

在玄关设置亮点

　　玄关是到访客人最先看到的区域，决定了他对你的家的第一印象。同时对于我们居住者来说，忙碌了一天回到家后第一眼看到的也是玄关。正因为如此，让我们尽量把它收拾干净整洁吧。

　　除了外穿的鞋子之外，拖鞋和保养鞋的用品也需要整理整齐。

　　另外园艺用品和宠物散步用品等这些在室外使用的物品也不能随意乱放，可以整理好后放入篮子内再放进鞋柜，这样也不会把鞋柜弄脏。

　　让我们在玄关处设置一个亮点吧。**在一打开门第一眼就能看到的地方，放置一个美丽的装饰品。**有很多家庭会在鞋柜、家具以及各种柜子上摆放很多的花瓶，仅仅是放置一种装饰品，就可以凸显美感。

　　若你实在有很多装饰品想要摆放的话，可以根据季节的变换来调整变换。比如玫瑰干花适合夏天，带有泥土色彩的花瓶适合秋天。这样随着季节变化来调整改变玄关的装饰，不仅给家人带来新鲜感，也可以充分活用我们手上持有的装饰品。

统一衣柜内的衣架

整理衣柜的重点是衣架。首先请试着统一衣柜中所有的衣架。单这一个动作，就能使衣柜变得惊人地整齐！

衣架推荐使用淡色且轻薄的，轻薄衣架能节省空间，增加收纳的量。但是像夹克衫这类肩膀有厚度的，衣架也可以选用有厚度的。女性服装衣架约为 38 厘米，男性服装衣架为 42~43 厘米，只有衣架保持肩宽一致，衣服才不会走样。

基本上除了毛衣以外的衣服都是挂着更服帖，所以我们都可以选择挂式收纳法。 T 恤和背心若叠着放不容易分清，也可以挂起来收纳。短裙和连衣裙若是挂起来的话，更方便长度比较，根据当天的行程安排，也更方便自己进行衣着搭配。

另外若都使用衣架挂式收纳的话，衣柜能容纳的最大量也能轻松掌握。薄衣服的衣架宽 2 厘米，厚一点的 3~4 厘米。我们只要量一下衣柜的长度就可算出大概的容量。知道了衣柜的容量后，在购买衣物时倘若会令衣柜超过最大容量，就有必要三思，避免造成浪费。

色彩渐变法收纳，既美观又实用

　　使用统一的衣架，令衣柜变得整齐之后，接下来我们就可以开始调整衣服的摆放次序了。

　　首先可以按照上衣、裙子、内裤等不同类别来区分。然后根据颜色区分，就像彩色铅笔那样根据渐变色来排序整理。这时，为了穿着时拿取方便，可以按照内衣→上衣→裙子→内裤→外套的顺序来排列。

　　按颜色来排序的话，哪种颜色的衣服多，哪种颜色自己完全没有，自己的衣物选择喜好也就一目了然了。**掌握了自己的喜好，就不会一直重复购买类似的单品。每天思考如何搭配衣服、选衣服的时间也会节约。**

　　若你在工作场合和私人时间穿着的衣服是不同的，那么你可以将衣柜划分为三个区域。左边放通勤穿着的衣服，右边放日常休闲服饰，中间放两者都适合的部分，这么做的话也可以节约时间。上班前就从左半边找衣服，休息时间就从右半边找，寻找衣物的范围一下子就缩小了一半。

　　当然也不是一定要分为工作和休闲这两类，也可以按照你的生活方式，选择适合自己的排列方式。但无论是哪种排列法，都还是推荐按照颜色渐变法来排列每个类别的衣服。

　　若想要更加节约衣柜的使用时间和收纳空间，我推荐你也可以按照套装搭配来收纳衣服。皮带可以和裤子、裙子等挂在同一个衣架上。女性的话，收纳起来麻烦的长项链可以和搭配的外套及上衣一起挂在衣架上。这样就不用再去花时间搭配各个单品，同时还能节约衣柜的收纳空间。

　　如此整理收纳好衣柜，就能更加明确自己已经拥有哪些衣服，也可避免购买到自己不需要的物品，让已持有的衣物发挥它的最大作用。每天享受着穿搭的乐趣，我们自身的时尚感也会随之提升呢！

衣柜的
收纳法则

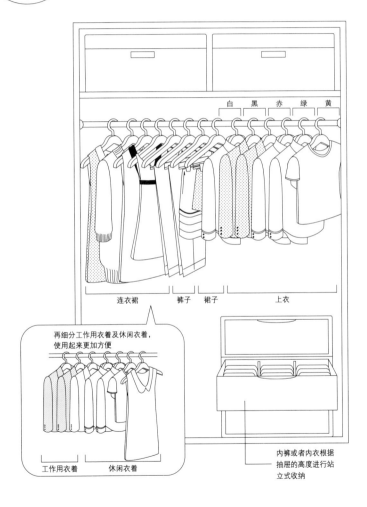

白　黑　赤　绿　黄

连衣裙　　裤子　裙子　　上衣

再细分工作用衣着及休闲衣着，
使用起来更加方便

工作用衣着　　休闲衣着

内裤或者内衣根据
抽屉的高度进行站
立式收纳

113

抽屉里面要竖着收纳

　　内衣和袜子等不适合挂着收纳的物品，我们可以选择收纳在盒子内。在这里分隔就能起到很大的作用。因为原则上我们要实现抽屉一打开就能一目了然的状态，因此最正确的收纳方法是竖直收纳法。

　　竖直收纳时隔断是不可或缺的，书挡也可以，盒子也可以。如果暂时手边没有，也可以先拿点心的空盒子，或者根据抽屉的深度，把纸袋切一下做成隔断。**若一直使用感觉有些廉价的话，也推荐你慢慢地选购一些合适的收纳整理用品。**

　　另外请尽量做到一个抽屉里只放一类物品。简单易懂，即便是小朋友也能自己找衣服来穿。

　　打高尔夫球时穿的成套的衣服等，可以按组别收纳在同一个抽屉里，这样不用再费工夫一样一样去找，节约时间。

设置一些临时挂钩

在衣柜的附近，可以设置一些挂衣服的临时挂钩。可以把挂钩设置在衣柜的门上，或者墙上。**像外套和针织毛衣这类不是穿一次就需要清洗的衣服，脱下来以后用除菌喷雾喷一下就可以收起来。**这个时候如果没有挂钩，就很容易随手往地上或者椅背上一丢，也会无意间越积越多。有了挂钩就能挂在那里自然晾干，若是衣服有皱褶，也能很方便地马上用蒸汽熨斗熨平，提前为下次穿着做好准备。

另外习惯在前一天晚上准备好第二天穿着搭配的人，也可以将衣服事先挂在这些临时挂钩上，这样第二天早上也就不会那么手忙脚乱了。

有了临时挂钩，既不会产生衣服脱下来随便乱放的问题，早上也不用再烦恼穿什么。房间变得干净整洁，时间也会变得更加有意义。

挂钩有简约的也有带有各种图案的，可以按照自己的喜好选购。

受到好评的搭配可以拍照保存

被朋友、同事或者伙伴表扬的搭配，我们可以在回到家后马上用相机拍下来，这样日积月累，就会有一套自己的搭配记录集。

在重要的发表日、纪念日约会或者想要呈现完美的自己的日子，打开这个搭配记录集来选择衣服就肯定不会错。往往在这种重要的日子，人们会选择购买新的衣服。但是从来都没穿过的新衣服，即便是自己觉得很合适美丽，但在外人眼里或许也会有不合适的时候。**在重要的日子，因为穿错衣服而没了自信就不好了**。为了避免这个情况，最好的选择就是穿那些已经被表扬过的搭配衣物。

其次，当你知道了别人认为哪些衣服是适合你的，在选购衣服时，也就能不仅仅考虑个人喜好，也会兼顾到他人的观点。这样一来自然就不容易买错衣服。

由于拍了照片，也很容易在脑海中进行整理。请一定要快乐地记录广受好评的搭配，这会对自己很有帮助。

将食材换置到简单的容器中

例如盐、糖及小麦粉等厨房用食品类，它们的包装颜色、大小都不相同，像这类常备食品推荐放在同系列的容器中保存。

容器请选择玻璃等能看到内部的透明材质，这样就能随时确认剩余量，避免了做菜做到一半才突然发现没有库存的状况。若放到大口径的容器中，就不需要每次使用时还要再次从每个包装盒中拿出来，使用上也会变得更加方便。测量粉类食品的时候，也不必担心它会从口袋边撒出来。

像意大利面和大米这些大小不同的食品，也可以放入尺寸、款式一样的容器中一字排开。仅仅这样就马上会像那些收纳达人一样让厨房变得更美观。通过使用统一的容器排列收纳，既可减少空间的浪费，也更便于整理。

此外，为了使食材看上去更美味，厨房用的容器还是选择简单清爽的颜色比较好。

只叠放同一种类的餐具

如同之前说明的一样，原则上是根据餐具柜的高度来决定收纳的种类。最顺手的地方放置使用最频繁的餐具，高处放置不太使用的轻的餐具，低处放置不太使用的重的餐具。

在这个基础上，可以再根据不同的餐具材质，比如玻璃、陶器、木质等来区分收纳；如有同品牌的餐具，也可以按照不同系列来收纳。若有不同颜色的餐具，也可以像壁橱收纳那样，按照颜色渐变法来美美地收纳。

虽然餐具的收纳方法相对自由度比较高，但有一点原则是我们在整理收纳的过程中必须遵守的，那就是"只能把同一种类的餐具叠加摆放"。

请看一下你的餐具柜，你有没有把不同种类的餐具叠放在一起呢？

餐具是可以叠放的，但是不同种类的餐具还是不要叠放在一起比较好。因为要使用下面的餐具时拿取非常麻烦，而且餐具是易碎品，叠放也有一定的危险性。

和鞋柜一样，餐具柜中的分隔板根据餐具的高度来灵活地调整或者增减的话，收纳空间就会变多。**请一定要遵守更细致地分隔，并且只把同种类的餐具叠放这个原则。**

另外推荐靠外的一排和最里面的一排摆放同一个种类的餐

具。放在柜子最后排的物品，因为不容易看见，往往会不知道里面放了什么。为了能够一打开柜门，就对里面的物品一目了然，那么请从外到里都只摆放同一种餐具。

像咖啡杯等杯子和碟子成套收纳更好。如果有好几套，就从外到里排列收纳。

餐具一般如果不坏是不会扔掉的。但倘若买了好久都还未使用的餐具，那么绝大多数情况下今后也是不会使用的。在整理的同时，除了真正喜欢和需要的物品以外，还是一点点地清理掉吧。

有一些虽然很喜欢但是没有机会使用的餐具，也可以作为花瓶或者厨房小物的容器来使用。

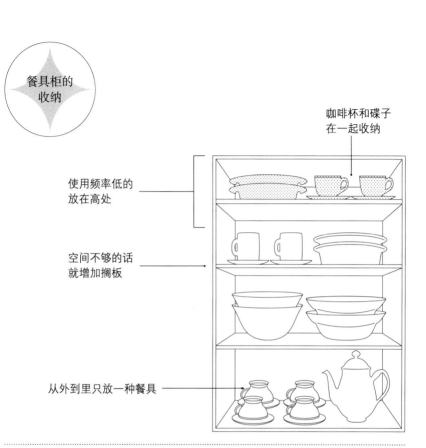

餐具柜的
收纳

咖啡杯和碟子
在一起收纳

使用频率低的
放在高处

空间不够的话
就增加搁板

从外到里只放一种餐具

刀叉等通过使用分隔板
分类收纳

储备的食材若能一目了然，

管理起来就会变得很简单

速食食品和干货等厨房常备食材，往往会由于不清楚家里有没有库存导致重复购买。这类食物的收纳原则是"食材全部放在同一个地方，并且要实现一眼就能确认余量"。

由于厨房里柜子和抽屉很多，大多数人都会把常备食材分散收纳在各个角落。所以无论如何，**先规定好一个收纳空间，将常备食材全部放在一起**。只要做到这一点，收拾整理也会变得非常简单。

但像番茄酱和蛋黄酱这类需要冷藏保存的调味料是例外。即使是未开封只需常温保存，也要在冰箱中正在使用的那瓶的旁边放上一瓶备用的，这就是我推荐的备用收纳法。

通过这个方法，在家的每个人都能知道是否有备用品；每次用的时候也能确认一遍，因而避免忘记购买的问题。其次由于冰箱的收纳空间本身就有限，也能避免重复购买以节约支出。

超市就是我家的仓库

日用品和调味料等存放时间久的，即便家里已有足够的备用品，也会因为看到特价觉得划算而不知不觉重复购买。

也许一时会觉得赚到节约了金钱，但事实上果真如此吗？

由于备用品收纳过多，就会使整理收纳变得烦琐。并且就像前面提到的，由于无法收拾干净，空间、金钱、时间都浪费了，甚至心情也会变差。

实际上很多时候因为划算而多买的食品，最终还是因为过了保质期而变味了。

最近 24 小时营业的超市越来越多，其余大多数超市也都会营业到很晚，再不济还有便利店。而且只要做好了整理收纳，就能预防突然用完的情况。

下定决心确定一个具体的备用品数量，接下来只要在快要用完的时候去买新的就足够了。把超市当成自家的仓库，是否感觉很棒呢？

根据一次使用的最大量决定容器的大小

特百惠这类保存容器也会在不知不觉中越变越多。由于没有决定好要存放的物品，因此无法决定合适的量，也许这就是物品越堆积越多的原因吧。一般需要用到保存容器的物品，都是存放在冰箱里的，那么就以冰箱的最大容量为合适量吧。

第一步先试着把物品放进冰箱，调查冰箱的最大存储空间。**如果超过了这个量，就可以下定决心把多余的容器丢弃。**

没有盖子、变形或者开裂等已经到了使用寿命的保存容器，可以毫不犹豫地扔掉。若是塑料制品，已经染上了食物的颜色或气味，或者有伤痕的，考虑到卫生方面，也可以统统扔掉。一般这类物品都不会有什么特别的回忆，那就让我们简单地根据这些规则来收纳整理吧。

在购买保存容器时可以考虑玻璃制品。

推荐购买同系列不同大小的各式保存容器。

记得常开换气扇

从安全性和卫生方面来说，原则上炉灶周围不能够放置物品，因为很有可能不小心炉灶会着火，并且炉灶周围的物品也会因为炒菜时飞溅出来的油而变得黏糊糊的。

话虽如此，但是考虑到空间和顺手，我们难免会在炉灶周围放上调味料等。这时就要在炒菜和结束后，坚持把换气扇开一段时间。这样就能大幅度地防止炉灶周围的物品被油污污染。

事实上即使炉灶周围没有放物品，我也推荐这样做。一炒完菜就马上关掉换气扇的话，空气中还存留着很多的油污。它们会附着在墙壁上，不知不觉就弄脏了厨房。长时间开着换气扇可以有效预防这个问题。

虽然不同的换气扇会有差异，但是基本上从晚饭开始到睡觉前开着换气扇的话，一天下来也没多少钱。

若是租赁的房子，把房子弄脏的话退租的时候还会被扣钱。光这样考虑，就会觉得**长时间开着换气扇是更加明智的选择，我们平日的厨房打扫工作也会变得更轻松。**

冰箱内部分组收纳

冰箱一直开开关关的话，冷气就会跑掉，不但对食物不好，也不环保。为了能一次性把所需物品全部取出，冰箱内部适合采用分组收纳法。

首先把调味料分组收纳，按照烹调日料、中餐及西餐分别需要的调味料来分组，把它们放入托盘或者篮子中，然后再放在冰箱里保存。这样下次要做中餐的时候只要把对应的中餐调味料托盘整个取出就可以了，不需要一会儿拿汤料一会儿又拿辣油，来来回回跑好几趟。

另外一个适合按组别收纳的就是早餐的套餐。按照准备米饭和面包的区别来分组放入对应托盘中，再冷藏保存。吃饭的话需要有拌饭的配料、做茶泡饭的材料、梅干、海苔以及腌渍物等。吃面包的话需要黄油、果酱以及蜂蜜等。按照用餐的不同种类所需的东西来进行分类。

像这样按组别分类收纳，即使在忙碌的早晨，只要决定好是吃饭还是吃面包，接下来就只要把托盘取出即可。虽然或许只是节约了一点点的时间，但是也能让人觉得舒畅自在不少。

并且和饭及面包搭配食用的食物都是些保存期比较久的，很多时候也会不知不觉被遗忘在冰箱内。但若按照上述方法收纳的话，我们几乎每天都能直接看到它们，就可以避免因疏忽而错过食物的保质期。

另外按照分组放入托盘中收纳的话，打扫冰箱也可以变得很轻松。

调味料和果酱等很容易把容器弄脏或是洒到外面，若直接放入冰箱，就很容易将冰箱的搁板也弄脏。况且，把搁板拿出来清理的话，必须把上面的物品全部拿出来，也特别费劲。如果用了托盘，就不会把冰箱弄脏。只要把托盘拿出来清洗就好了，轻松地就能保持冰箱的干净。

冰箱的收纳

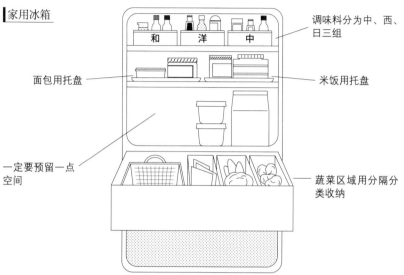

调味料分为中、西、日三组

面包用托盘

米饭用托盘

一定要预留一点空间

蔬菜区域用分隔分类收纳

单身男女用冰箱

如果是较小的冰箱，把调味料整理到小盒子里，并预留空间。

在调味料瓶子上记录开封日和保质期

调味料开封后，要养成记录开封日期和保质期的习惯。虽然调味料可以长时间存放，但也是有保质期的。为了避免过期，为了有效地享用食物的美味，我们一定要有这样一个意识。

有标签贴纸的朋友，可以制作开封日期和保质期的标签贴上。没有标签贴纸的，或者觉得麻烦的朋友可以直接用油性笔写在瓶子上。但由于调味料都是竖着放的，为了能一目了然，写在盖子上比较好。

如果是更讲究的人，那么还要注意将其保存在正确的场所。

调味料一般都是放在厨房的架子等常温的地方，但是实际上像酱油、料酒及香料等最好放在冰箱里保存的也有很多。反之，也有像日式甜料酒这种适合常温保存的。

那么首先就仔细确认一下商品说明标签吧。虽然调味料不至于因为保存方法错误就马上腐坏，但是我们用正确的方法收纳在正确的场所，更能确保它们的美味。

蔬菜储藏格里放置临时分隔

清洗冰箱里的搁板和附属的托盘是很麻烦的，蔬菜储藏格也是一样。

越是新鲜的蔬菜，上面越会沾有泥土，这些泥土不小心沾到托盘上，每次清洗都很麻烦。另外根和叶子也会脱落，或者缠绕在一起。

冰箱里储藏蔬菜的托盘里，也请用些小托盘来分隔，再放入蔬菜保存。这样一来即使被泥土和蔬菜弄脏了，只需要把小托盘拿出来清洗就好了，打扫起来很轻松。

甚至可以在托盘以外，再在里面放入一个空盒子，这个就作为放蔬菜的临时分格。把一道菜所需要用到的全部蔬菜都放进去，做菜的时候，一次性取出，这样不但节省了时间和电费，也节约了炒菜的时间。

顺便提一下，**蔬菜买回来以后，请马上从口袋中拿出来放到储藏格里，不要等到使用的时候再从包装里拿出来。**少了这个步骤，炒菜时间也会变短不少哦。

随身手册 = 我们的大脑

最后，作为整理我们大脑思路的最好方法，跟大家分享一下如何活用我们的随身手册。

一般大家都会在随身手册上记录些什么内容呢？每天的行程、纪念日和旅行计划等？

我认为随身手册可以记录所有想要记在脑子里的内容。

当然首先可以记录行程。除此之外，选定的目标、需要购买的物品、阅读时遇到的好的内容、家里的平面布置和收纳空间的尺寸、收到的信件、旅行纪念照片、时刻表、想去的店铺的地图、生活必需品、需要记住的事情、自己的想法都可以记录或者贴在我们的随身手册上。

任何时候只要一打开随身手册，就能解决一些我们的问题。想要知道电车时刻，也不用急急忙忙用手机查询，只要翻开随身手册，看一下电车时刻表就能马上知道。激励人的话语、快乐旅游的门票等也可以夹在随身手册里面，心情不好的时候打开来看看，也许就能马上平复心情。设定的目标也可以记下来，每次翻开手册就能提醒自己不能松懈。偶然发现的合适的收纳用品，翻开随身手册确认一下家里的平面图和尺寸，随时都可以购买。

或许有人会认为，现在无论什么，只要用手机或者电脑一查就能马上知道，根本没有必要一样一样记录下来，但有时候我们会忘记随身携带打印出来的资料，查了一次马上又会忘记，于是会查询好几遍，这些都会浪费自己的时间和精力。如果把搜索到的事情马上记录下来，即便忘记了，只要翻开随身手册就能马上确认。

可以把电车换乘信息等搜索后就马上记录下来，也可以把搜索到的地图缩小以后贴在随身手册上。提前做好了准备，即使当天没有时间，也不需要再去搜索而变得惊慌失措。无论心理和时间上都能保持从容不迫，轻松应对。

另外，为了能在脑海中整理清楚思路，最重点的就是要把行程整理好统一记录在一个地方。不要把行程记录在家里的日历上，而是全部记录到随身手册上吧。有些随身手册会分为月历和日历两种，让我们选定其中一种，统一记录在同一个区域内。

随身手册=大脑
举例

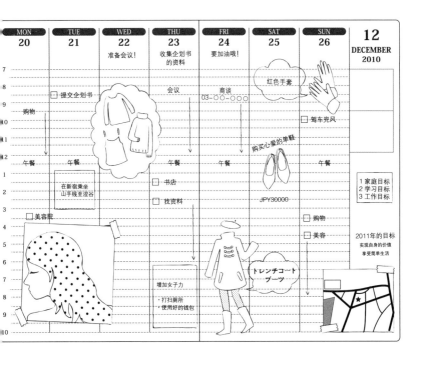

MON 20	TUE 21	WED 22	THU 23	FRI 24	SAT 25	SUN 26	**12** DECEMBER 2010

准备会议!

收集企划书
的资料

要加油哦!

红色手套

7

☐ 提交企划书

会议

商谈
03-○○-○○○○

8

购物

9

驾车兜风

10

11

12

午餐

午餐

午餐

午餐

午餐

1

在新宿乘坐
山手线至涩谷

☐ 书店

购买心爱的单鞋

2

☐ 找资料

JPY30000

3

☐ 美容院

☐ 购物

4

☐ 美容

1 家庭目标
2 学习目标
3 工作目标

5

6

2011年的目标
实现自身的价值
享受简单生活

7

增加女子力

トレンチコート
ブーツ

8

·打扫厕所
·使用好的钱包

9

10

145

行程规划请以30分钟为单位

在随身手册上写上待办事项吧，哪怕是暂定的，作为行程的一项，都要记录清楚哪一天、几点到几点。**比起只是列清单，若把具体的执行时间也记录好的话，更能提高自我意识，也就不会遗忘待办事项，虚度时光了。**

在写行程的时候最好以 30 分钟为单位来做计划。如果明显是 30 分钟内完不成的事，就把事情拆分成几个步骤，每步设定成 30 分钟内可以完成的工作量。为何把 30 分钟设为极限？因为比起 1 小时来说，这样我们更能集中注意力，持续抱有紧张感，自然工作效率也就提高了。通过划分步骤，同时可以减少浪费的时间。一直觉得时间不够用的人，推荐你一定要试试这个方法哦。

若写了计划但却没能达成，那么就让我们重新规划整理一下吧。把时间分成一个阶段一个阶段来推进工作的话，能帮助我们认识到自己的工作效率，在多少时间内可以完成多少工作量。如果没有完成，就重新审视一下自己的工作方法，通过这个不断自我审视的办法，也会慢慢提高我们的自我管理能力，想必我们的时间也会越来越充实。

目标数值化

为了能不断地实现我们设立的人生目标，要注意几个要点。

第一个就是要在随身手册上明确写上想要实现目标的具体数值。例如不要写要成为什么，而要写到何时完成什么目标。**没有具体数字的目标不是目标，而是梦想**。最终就只会在我们脑海中胡思乱想就了结了。一旦这个目标有了具体的数字，就会变成一个明确的目标了。

另一个要点就是，一旦有了具体数字的目标，就可以用倒推的方式来制订我们的行动计划。例如我们定了"35 岁前买套自己的房子"这样一个目标，就要计算具体要存多少钱，不足的金额除以现在到 35 岁为止的年数，就能算出每年需要存多少钱。通过把目标具体数值化，就能清楚知道自己现在应该做什么。

当然我认为，即使没有达成设定的目标也没有关系。在你知道无法达成的时候，可以马上改变方法或者重新设定目标值。无论是远大的目标，还是微不足道的目标，最重要的就是把想做的事情数值化后记录下来，然后试着找出现在应该做的事情。

专栏 3

小小的改变带来好心情

下面给大家介绍一些家装小技巧，可以马上让房间变得时髦起来，心情也会变得更好。

每层抽屉里放置芳香剂

在抽屉里放入气味清新剂或是精油等自己喜欢的香味剂吧，这样每次打开抽屉时心情都会变得很舒畅。

添加有季节感的装饰

夏天的适用玻璃制品，冬天的适用毛皮制品，利用这些有季节感的材质和色彩来装饰我们的室内空间吧!

根据客人的喜好
来变换装饰

请试着根据客人的喜好和氛围来准备餐具和装饰玄关的花，这令自己和对方都能增添一些幸福感。

在可见的视线范围内
制造一个亮点

可见的视线范围内，增加一个能带来幸福感的小亮点，试着放上一个自己喜欢的小物品。

试着把同样形状或同样
材质的物品排列装饰

把两个花瓶等并排放在桌子上作为装饰。选择外形相同或者是材质相同的，自然就有了统一感。

窗帘和壁纸要
选择同色

窗帘和壁纸尽量选择同色系的，因为两者所占面积大，如果选择同色系，就不会带来违和感。

第 4 章

为了维持完美的
收纳状态

为了能够长久地保持家里的整洁，下面介绍一些小技巧。让我们边享受边愉快地维持室内的整洁吧！

根据使用频率给物品搬家

若我们完成了收纳整理，就让我们一直努力维持及改进这个状态，让家变得更加舒适吧。

首先需要做到的是，可以根据使用物品的频率来给物品搬家。给物品规定一个收纳固定位固然重要，但无须毫不动摇这个固定位。有些物品用着用着，它的使用场所也会有变化。若是觉得调整一下它的固定位更容易使用的话，就随机应变进行调整，让物品搬个家吧。

另外明明规定了固定位，物品却经常"离家出走"，你也会在不经意间发现屋内是物品散落各处的状态。这时候我们就需要反省一下，为什么物品会不经意间变得散乱，会不会是因为自己设定的固定位和实际使用的地方不一致呢？弄清楚问题所在后，再给物品重新安排一个合适的"家"就可以了。

家中的物品是会不断变化的，我们的生活方式也是在变化着的。根据这些变化，灵活调整物品的摆放，这也是保持房间整洁的秘诀。

设置一个临时放置区域

若设定了合理的收纳固定位，收拾整理也会变得很轻松。但有时也会有一些突发状况，令我们无法马上收拾物品，这时就可以设置一个临时放置区域。

可以设定一个篮子作为临时放置区域，例如掉了扣子的衬衫、保质期临近的食物等，可以放在这个临时区域。原本是需要将衬衫放在它的固定位，但是一旦收纳进去了，就会很容易遗忘扣子掉了这件事；保质期临近的食物也会一不小心忘记吃——此时要是有一个临时放置的区域，就可以用来提醒自己。

这个方法也适用于我们的日常工作。即使不情愿，也要将一些重要的事情放在容易注意到的区域，以免耽误工作，避免带来更加令人烦躁的后果。

但是我们需要给这个临时放置区域设定一个规则，就是当日事当日毕。要在篮子"爆炸"之前就清理掉这些等待处理的"小家伙"哦。

灵活使用标签贴纸，使收纳更轻松

标签和贴纸是整理收纳的必备神器。

如同之前提到的，在调味料上记录开封日期和保质期——在很多场合这些小道具可以帮助我们更清晰、更容易地整理收纳。

例如柜子和衣橱抽屉上可以贴上所收纳物品的名称。在电话机听筒上贴上每 3 分钟的计费标准，根据通话范围分为市内、手机和东京三个类别。蒸汽熨斗上面可以贴简单的使用方法。意大利面的罐子上贴上需煮沸的时间长短等。

这样就可以一目了然，节约我们查找的时间。

贴上话费计费标准，就会下意识地去计算通话金额，也会有节约金钱的效果。另外家电和化妆品的使用方法，虽然在箱子和说明书上都有写明，但是平时使用的时候大家都不会特地拿出来看吧。如果直接把它写在便利贴上，贴在物品上，就能立刻确认正确的使用方法，也可以保持物品的最佳状态。

像调味料这样使用起来比较快的物品，可以直接用笔写在外包装上。但像家电等使用期较长的物品，为了美观，建议可以寻找一款美观大方的标签贴纸。

礼物首选"会消失"的物品

尝试着整理收纳物品后，你会发现除了喜欢的物品和必备物品以外，家里还有很多可有可无的物品。丢弃这些物品真的是十分耗费精力，管理起来也相当辛苦。所以我们就要尽量避免把这些不需要的物品带回家。

同样，对于身边每个人的家庭来说都是如此。

因此当我们在挑选礼物的时候，尽量选择那些可以被使用消耗掉的物品。旅行伴手礼就选择美食小吃，生日就送蛋糕或者鲜花等，尽量选择那些不会被留下来的固体物品。当然若对方有特别指定，那就另当别论，如果没有必要，就尽量不要给对方增加物品的负担。

丢弃自己购买的物品已经是一件相当耗费精力的事，若是还要扔掉别人送的礼物，更要消耗太多的心力。即便是完全不需要的物品，我们也会顾虑到对方的心意，很难下定决心处理，因而困在原地。

为了避免给别人这样的负担，我们应该互相体谅，家庭关系、人际关系也会无意间更加和谐。

房间的颜色基本按照70:25:5的比例

　　若通过整理收纳使房间变得整洁干净了，那我们就可以开始考虑改善一下室内的装饰，令房间变得更加舒适。请大家牢记，我们一定要注意室内色彩的平衡。**即使不更换大件的家具，只要配色合理，就能马上让房间变得美观优雅。**

　　房间的基本色占全部的 70%，第二配色占 25%，点缀色占 5%，这一比例能使房间配色达到最佳的平衡状态。

　　大多数家庭会把墙壁和床的颜色作为基本色，沙发和桌子等大件家具的颜色作为搭配色，靠垫等小件织物的颜色作为点缀色。

　　基本色同时也是室内装饰的背景色，因此选择浅色更为和谐。搭配色也是尽量选择浅色显得更清爽，推荐给初学者。

　　最重要的还是我们需要将点缀色的比例控制在 5% 以内。一旦点缀色过多，就会显得室内杂乱无章，让人无法平静。

　　即使是同色系，也要尽量统一使用颜色的深浅，才能令整体看起来和谐统一。

　　例如把粉色作为搭配色的话，如果鲜艳的粉色和浅粉色混在一起的话，就会给人一种很烦琐的感觉。如果可以，我们尽量以一个颜色为基准来选择物品。所占比例大的基本色和搭配色或许做到统一会有点困难，但是点缀色的统一相对来说还是比较容易做到的。

　　另外一个秘诀是，我们也可以根据季节的变换来更换点缀色，这样会让你觉得更有舒适感。因为色彩给人带来的印象，比我们想象的要更强烈。夏季可以选择凉爽的蓝色和绿色，冬季可以选择红色和橘色等暖色系，也会无形中令我们的心情舒畅无比。

房间颜色的
最佳搭配

颜色的种类	说明	颜色	场所	比例
基本色	房间中占比最大的颜色,也是背景色,避免使用深色调	白色 灰白色 浅米色 浅灰色 浅粉色	床 墙壁 天花板等	70%
搭配色	房间颜色占比25%,在室内装饰中作为主调,用来营造氛围,常用于窗帘等颜色,因此要慎重地选择	咖啡色 灰色 米色	窗帘 沙发 餐桌等	25%
点缀色	占比 5%,是用来点缀的,因此会给人留下深刻的印象,应便于随时更换	红色 蓝色 黄色 橘色 绿色	靠垫 画 花等	5%

偶尔给房间拍照

虽然我们在整理收纳之前已经给房间拍过照，但在收拾完之后，也是需要偶尔给房间拍照的。

即便已经收拾过一次，但是过一阵子，注意看一下就会发现，房间不知为何又在慢慢地变乱。**或许因为太过习惯，所以大家都发现不了，这时拍照就是一个很有效的方法。**

给室内拍个照片，从客观的角度试着去观察一下，这样或许可以让你发现很多需要改善的地方。若观察照片发现不了什么问题，照片看起来也是维持着清爽整洁的状态的话，那么也就值得夸奖自己，为自己的收纳整理能力自豪，它也会成为我们持续做整理收纳的动力。

另外在配色平衡上，也可以通过照片更直观、更全面地确认。若你在配色方面有烦恼，推荐一定要试试拍照这个方法。

若我们手上还有最初的房间的照片，请一定要拿出来对比一下哦，你一定会惊叹房间的改变，无比的成就感油然而生。

通过改变照明，可使房间变得更宽敞

如同前述，仅使用家里现有的物品，也可以营造一个舒适的家。若你是在室内装饰上讲究的人，或是想要一个更加舒适的空间，我推荐在照明上做文章。

即使是同一个房间，只要照明改善，就会看起来更宽敞，整个气氛也会得到改善。

如果你房间的照明使用的是单一的荧光灯，请试着把它换成橘色系的间接照明。**无论哪种款式，只要是看不见灯泡的就可以。**

间接照明照到墙壁上，制造出一种进深感，房间看起来就会更宽敞。另外在玄关处打开门就能看见墙面上的灯光，能给人一种温馨感。

卧室的话，只要在床头放一个照明就够了，不需要太亮，可以营造一个能使人放松下来的环境。再者，在电视机背景墙上也装上照明的话，不仅氛围更好，眼睛也不容易疲劳。

以上这些都不需要特意施工完成，只要买几个小射灯回家就可以搞定哦。

改掉地板生活的坏习惯

家里明明有沙发，却习惯性地往地上一坐，这样的人出乎意料还特别多呢。请一定要改掉这个坏习惯，坐在沙发上吧。

一坐到地板上，我们马上就会很顺手地把一样一样的物品都扔到地板上，看了一半的书、电视机遥控器、拆封的广告信件等。而且由于地板面积大，多少物品都可以放，一不小心就把物品散落了一地。

如果平时就习惯坐在沙发上，也就不会有人特意伸手把物品放到地板上。**只是坐的位置不同就可以产生如此之大的差异哦。**

若房间内没有沙发的话，我们可以用床代替沙发，并且在床前设置一张小桌子。总之不要习惯性坐在地板上是一件非常重要的事。

另外推荐在沙发上放几个靠垫。我认为大家不喜欢坐沙发而选择坐地板的一个原因，是因为沙发上坐着不够舒服，比起欧美人，日本人相对矮小，坐在沙发上陷进去的话，脚就会够不着地，人的坐姿也不稳定，这时候就可以依靠靠垫。有了靠垫，我们也就能更放松地在沙发上休息了。

9

今后日常购物的注意点

跟随我们一起进行整理收纳的各位，想必也知道了丢弃物品时的痛苦吧，对于自己竟然有这么多物品的情形也记忆深刻吧，那么我们也应该不会再不假思索就随意购买物品回家了吧。

在今后购物时，要对照着第 61 页图表的右上角那一栏，**重点是只买喜欢的并且实用的物品**。另外，把喜欢但基本不用和不喜欢但是很实用的物品，慢慢地最终替换成自己喜欢且实用的物品。

有了这样的意识，周围自然而然就都会是自己喜欢的物品，与你心目中舒适理想的房间也越来越接近。

回想一下家里的收纳空间，事先考虑一下这类物品是否还有剩余的空间可以存放。若已经没有空间了，那么就要考虑一下是否需要把现有的物品丢弃更换，再去买新的。

这个真的需要吗？真的会好用吗？可以收纳在哪里呢……这些问题都一一考虑斟酌后再买入，那么自然而然也就越买越精明理智了。

每日收纳的乐趣

整理收纳的最终目的是使我们的生活更加愉快。只要我们生活着，这项工作就需要持续地进行下去。那么比起厌恶这项工作，肯定是一边享受这个过程一边整理收纳更容易让我们坚持下去。

请一定要参考本书所介绍的方法，并结合自身的实际状况，快乐地进行每日整理收纳。举个例子来说，比如书桌上随身手册旁边想要放手机的话，就可以在那里放上自己喜欢的小碟子，把手机放在里面。或者把糖和口香糖等收纳在漂亮的玻璃杯里，也是一件令人愉悦的事情。

不需要局限于物品本身的用途，需要的是我们自己花心思和时间来活用它们，给予它们最大的价值。

知道了整理收纳的方法后，无论是谁都可以轻松地着手实践。在理解整理收纳的意义之后再去认真地实践，更会达到一种境界。我认为大可以把整理收纳作为自己的一项技能。这样一想，是不是做起整理收纳来，也觉得特别自豪和充实呢?

当你真实感受到家被整理得有条不紊后所带来的快乐，那么就会更加积极极地投入下一次的整理收纳中。

若能这样良性循环下去的话，收纳着实是我们生活中的小乐趣呢。

享受收纳整理，保持房间的舒适感

通过整理收纳，即便是一个人的家，也能生活得很快乐。可以马上准备好自己喜欢的杯子，视野里看到的都是能使自己放松的物品。屋子收拾干净了，哪怕只是简简单单地看个电视剧或者读本书，都能非常愉快吧。

屋子变整洁了，一定要尝试邀请朋友来家里做客，和亲朋好友一起分享这样的美好时光。若被朋友夸赞屋内整洁舒服，也就更有日后整理收纳的动力了。

再者，假设朋友错过了末班电车，或者说想要办个派对的话，也能马上邀请朋友们去自己家，这样的你肯定也会越来越受欢迎。

家里变得干净了，就能进入良性循环：被夸赞→干劲满满→更干净→更想邀请朋友来家里→又被夸赞。这样不仅没有整理收纳的压力，还能一边享受这份快乐一边维持一个干净整洁的家。

专栏 4

真正实用值得推荐的收纳用品

　　下面推荐一些收纳整理空间里必不可少的用品供大家参考。

文件类的收纳，
选择四个洞结实的

办公用文件夹（A4 4洞）
结实的全包围型，打开文件夹可以确认里面的明细。四个洞的文件夹可以更好地支撑，不必担心倒塌

有设计感的标签机
本身就是装饰物

TEPRA PRO SR60C
使用频率高的标签机，要选择时髦有设计感的。使用方法要简单，谁都会用的

关键是选コ形状的
可以结合具体用途调整放置方向

普通书挡很容易被埋没在书堆里，如果选择コ字形的款式，就能自己站立，不会那么容易倒下而变得乱糟糟

能放下任何东西的包中包

包中包请选择便于收纳的尺寸。外侧的口袋上面有拉链，可以放垃圾袋和手帕等小物

有固定把手的时髦的收纳篮

要放经常使用的物品，并且会带着移动的收纳篮，可选择便于携带有固定把手的款式

单手就可轻松打开的
透明收纳瓶

可节约时间

盖子和容器的一部分是透明的，无论从上面还是从侧面，一眼就能确认物品的剩余量。单手就能打开，也便于我们使用

小型照明物品，随时享受到
间接照明的乐趣

价格不昂贵却能轻松改变房间的氛围。可以运用到床头或者楼梯等的间接照明上

可移动式的花盆，化繁为简

想想让植物每天都能晒到太阳，但是因为太重了，移动起来很麻烦。只要把它放在下面，就能轻松解决，还可以活用到其他地方

能融入室内装饰中去的
临时放置篮

在客厅中准备一个临时收纳篮时，除了方便拿取，还要考虑美观，能够和室内装修风格统一

CD、文件、文具等
什么都可以放的容器

为了减少死角，重点是要选择四周为90度的款式。尺寸多样，可根据具体用途来选择

每天都会使用的垃圾箱，
即使贵也要买最美观实用的

关闭时不会有噪声，尺寸大小也不会给厨房带来负担。美观大方又实用，每次使用都会有好心情

无法站立的书按照类别
收纳进文件盒里

根据类别把那些无法自己站立的书收纳进收纳盒中，也便于取出

两边是圆角，
适合挂西装外套的衣架

由于两边是圆圆的，可以保持衣服的肩膀线条。也有不易入手的38厘米的女性用尺寸衣架

容易滑落的单薄衣服，
改用不易滑落的衣架

上装用衣架。衣架形状是扁的，即使是小的衣橱也能有很多的收纳空间。由于衣架使用防滑材质，衣服不易滑落

以30分钟为单位
制订行程计划

双联页一周时间的行动计划手册。
令自己的行程一目了然，将每30分钟的日程都记录好，整理成一册，空余时间也能马上确认

可以随身携带到任何地方，
轻松营造美丽空间

装在电视机和盆栽的后面等，令人可以享受休闲的氛围。因为是夹式，可以轻松取下

结语

　　不知道大家是否感受到了，只是通过整理收纳，就可以给你的房间和人生带来巨大改变？

　　倘若你还没开始行动，那么哪怕就是 1 分钟、5 分钟也好，立即行动起来吧！我相信你一定会马上就能感受到整理收纳所带来的舒畅心情。要是你读了这本书后跃跃欲试的话，那么不要再犹豫，请马上动起来，去享受那份整洁干净的房间所带来的美好心情吧！好不容易花了那么多时间读完这本书，若只是在心里犹豫思索就太过浪费了。

　　享受整理收纳带来的好心情固然重要，但这并不是我们整理收纳的目的和终点。整理收纳说到底终归只是一个方法和手段，我们的最终目标是通过这个方法和手段，能让我们在一个整洁的空间里，更舒适、愉快、幸福地生活。

　　整理收纳本身就是一个不断分类的过程。是不是自己需要的，是否应该放在这个位置，需要伴随着一个又一个的选择和判断。哪怕我们选择失败了，也还是要不断地一边做选择，一边提高自己选择的能力。这样的选择判断力，不仅能帮助我们完成整理收纳工作，当你站在人生的分岔口时，相信也能给予你人生选择上的帮助。

　　整理收纳的益处是数不尽的。下面也请允许我再追加介绍一下。

　　通过整理收纳，不仅能使我们自己变得幸福，也能使周围的人变得更幸福。这一点是我去年刚刚过世的父亲教会我的。

　　父亲过世，我和母亲两个人整理了父亲的遗物。整理时却惊奇地发现，父亲的房间已经收拾得很整洁，需要处理的物品、要留着的物品马上就能区分开来，我和母亲没有花费太多精力就整理完了。

　　假设当初父亲在去世前没有整理过，对作为后辈的我和伴随父亲一生的母亲而言，这处理每一个物品的过程都是心痛的一次磨炼，或许我们会整理上整整一年吧（实际上有很多人都会花费很多精力和时间在亲人的遗物整理上）。但我和母亲却很轻松地就完成了。多出来的时间我们可以和家人一起度过，或者挑战新的工作，度过那些十分宝贵的时间。

我始终认为，这是父亲离开时给予我们的一份无比珍贵的礼物。父亲这一饱含着爱意的举动，令还留在这个世界的家人都心存感激。于是我就想，假设自己也到了那个时刻，我也会跟父亲一样把这样的爱意传递下去。

除此之外，事先整理好冰箱和食品存货的话，当家人想吃点东西的时候，就不需要花费时间寻找。办公室桌上的文件资料都整理好了，当别人想要确认的时候，也能马上拿到。

这样的整理收纳，也是对我们身边的人的一种善意。

整理收纳是没有终点的。每天持有这个习惯，会是我们通往舒适生活的一条捷径。日常忙碌的话，哪怕只花费 1 分钟时间也可以。请坚持整理收纳，一边享受一边进行一日一收纳，这样你每天的生活也会变得越来越美好。

我想象着读了这本书后，通过整理收纳找到了人生真正需要的物品的你们，心里是多么欣慰和幸福。你们会只被真正重要的物品所包围，过着舒适愉快的生活。光想象我就会觉得快乐无比。

最后在此，我要感谢所有对于本书出版做出努力的工作人员，感谢在这本书的制作过程中给予我帮助的各位，感谢我的客户和供应商。还有给予我最大帮助的爱人，一直温柔地守护我的公公和婆婆，从心底里支持我的妈妈和妹妹，我在天国的爸爸，以及读了这本书的各位读者。真心地感谢你们！

2010 年 12 月

西口理惠子

Living Room

客厅

空间颜色（白色）占70%，搭配
色（浅驼色）占25%，重点物件
的颜色（蓝灰色）占5%，并放置
在能看见的地方，就能装饰出美
的空间

比较重的家具放在有轮子
的底座上，打扫时很方便

靠垫套子应根据季节改变，让房间有季
节感

推荐用同样的素材做出不同形状的物件

同样的杂物用同样大小的收纳工具，就这么随意摆放都是很好看的室内装饰

在玻璃杯中收纳餐巾纸——不怎么用的餐具，可以用来收纳小物件

早饭要用的东西都收纳在托盘里之后放在冰箱中，就可以一下拿到餐桌上了

碗架要和碗的高度配合，调节搁板，把同一种类的碗叠起来摆放

放调味料的罐子应该统一，请把调味料移到从外部就能看到里面的玻璃罐子中

冰箱的旁边也要准备一个可移动的篮子，装入做菜需要的材料，就可以直接拿去厨房

抽屉里面要区分隔间，一种刀具放在一个地方进行收纳

红茶包、营养液之类的，在厨房的抽屉中应分组收纳

Kitchen 厨房

Desk 书桌

桌子上的东西尽可能的少，办事效率会提高

桌子抽屉里的东西要按种类收纳。别针、大头针、夹子之类的东西，推荐收纳在抽屉里

适当确定书架的收纳量，书的高度应码齐以后再收纳

Entrance 玄关

为了能看到鞋底的伤痕，鞋子应鞋跟朝外收纳，也应配合鞋子的高度增加搁板

穿运动鞋时一般要坐着系鞋带，所以为了蹲下的时候能够拿到，运动鞋一般收纳在下层

Closet 衣柜

项链之类的饰品，可以搭配好之后和短外套收纳在一起

制作（或者找到）一个小筐，暂时放置包里的东西，这样换包包的时候也不会漏装某样东西

统一衣架，根据衣物的类别和色系进行排序

Others 其他

在记事本上的时间也要整理收纳，推荐 30 分钟内能记录的东西

在家里如果需要移动，可以拿一个篮子，篮子里放随身携带的东西

银色的部分要经常擦拭，这样就会给人干净的印象